Go to Togo

一着の服を旅してつくる

中須俊治

烽火書房

はじめに

二〇一二年三月、ぼくはシューカツをやめた。それは人生で初めて、周りからズレた瞬間だった。みんなにとっての正解が、ぼくにとっての正解とは限らない。それは当たり前のことではあったのだけれど、自分の気持ちに正直に生きることは思いのほか難しかったりする。しかしその決断から、ぼくの人生は大きく動き出した。

周りの多くの学生は大企業をめざして躍起になっていた。できるだけ時価総額の大きなところ、東証一部上場企業から内定を取ることがステイタスにさえなっているような雰囲気があった。日本の企業数は四〇〇万社以上あるのに、就職情報サイトに掲載することのできた数万社から選ぶということが、いろんな可能性を排除してしまっているような気もした。

もっといろんな生き方があっていいはずなのに、暗黙の了解みたいなもののなかで、人生が決められてしまうことにも違和感があった。とにもかくにも、周りからズレたことによって、自分のなかに、ある種の多様性をもつことができた。

シューカツをやめて、一年間の休学届を提出した。ただでさえ自由な大学生活をさらに延ばすことについての是非を、親には問われた。しかしながら、シューカツで多くの時間が費やされ、どんどん友だちが大学に来なくなり、いろんな話ができなくなった代償は大きかった。休学するからには、中途半端なことはできない。「誰も見たことのない景色を見に行こう」と、ぼくはアフリカ大陸をめざした。

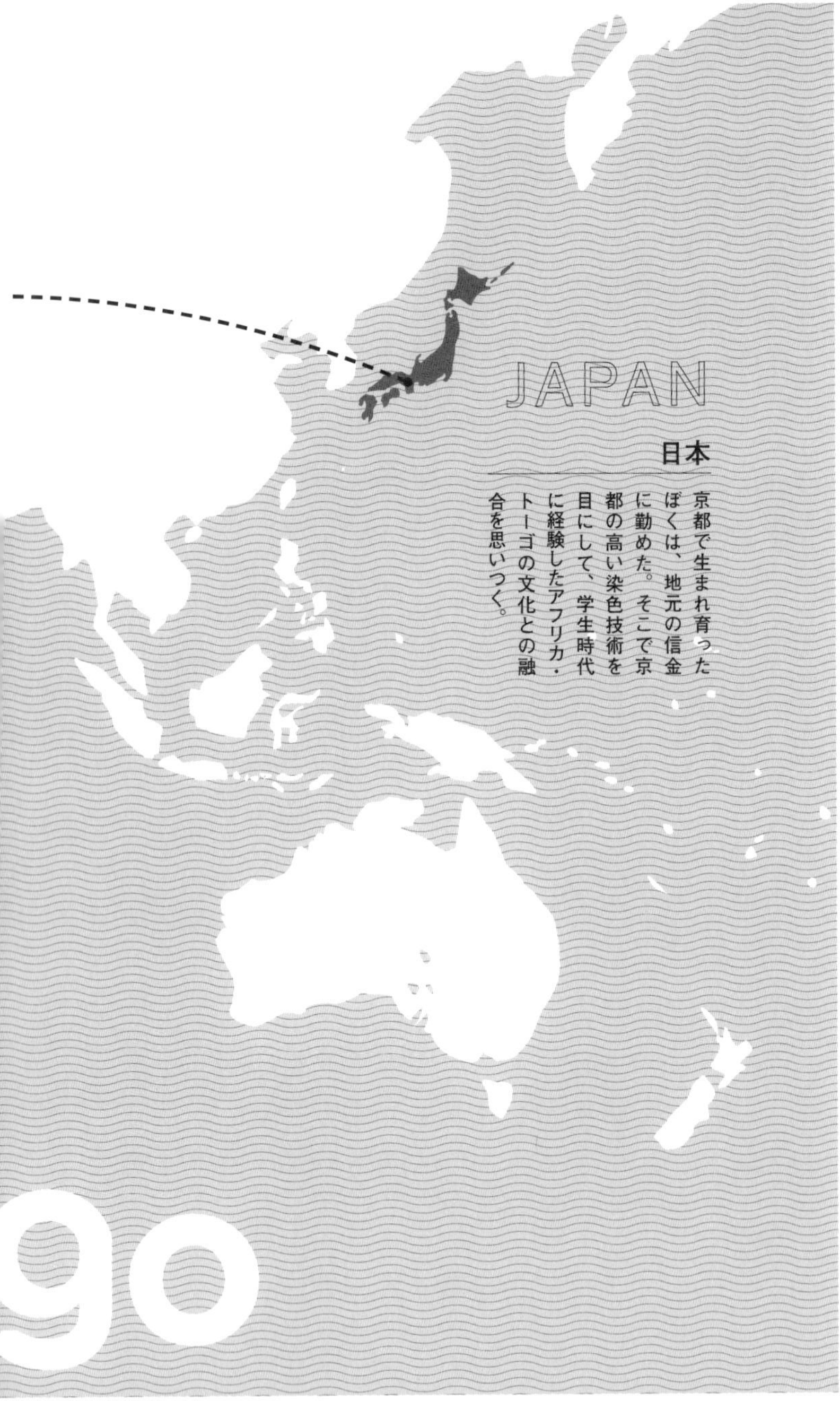

JAPAN

日本

京都で生まれ育ったぼくは、地元の信金に勤めた。そこで京都の高い染色技術を目にして、学生時代に経験したアフリカ・トーゴの文化との融合を思いつく。

90

日本からトーゴへは格安航空を乗り継いで30時間以上かかる。フランスを経由して行くか、シンガポールやドバイ、エチオピアを経由して行くルートがある。時差は9時間。

トーゴ共和国

ぼくが初めてトーゴを訪れたのは2012年のことだった。当時、在留邦人はわずかに2人。多くの人たちにとっては馴染みのない国だが、東日本大震災のときに世界で最も早く駆けつけた大統領はトーゴの大統領だ。

目次

この本の読み方

日本などのエピソードと

トーゴのエピソードでは
逆さまを向いています。

本そのものを
ぐるっと回転させて

はるか遠くにある
違うことだらけの
トーゴを想像して
ぜひ読んでみて
ください。

登場人物

ぼくには、時に励まし時に怒ってくれるようなたくさんの仲間がいる。

もちろんすべての仲間のことは伝えきれないけれど、すこしだけ紹介する。

リシャ

トーゴ共和国に設立した現地法人のマネージャーを務めてもらっている。もともとバイクタクシーの運転手だった彼を、(お酒の力を借りて)ヘッドハンティングした。

中須俊治

この物語の語り手、ぼくだ。いつも他力本願で物事を進めていくから、主役だけど、主役ではないのかもしれない。

アフリカから帰ってきた日の夜、大好きな納豆かけご飯を食べて、そのあまりのおいしさに、思わず号泣した。

ヤッサン

現地で途方に暮れていたときにぼくを助けてくれた救世主。将来は政治家を志すトーゴの若きリーダー。彼の口癖は「ゲナウ」、ドイツ語で「そのとおり」みたいな意味だ。

西田さん

京都の染め職人。国内外のハイブランドからのオファーが絶えない超一流の技術をもつ。

アフリカで起業すると伝えると「アホちゃうか」と笑い飛ばしてくれた。

妻と子どもたち

ぼくの無謀な挑戦に、最大の理解を示してくれる心強いパートナー。妻の唐揚げと、子どもたちの寝顔があれば、ぼくは走れる。妻はミッフィーとシュークリームが好きだ。

ヘルガーさん

宿泊先で知り合ったドイツの元弁護士で、現地で教育関係のボランティアをしているスーパーパワフルクレイジーおばあちゃん。ヘビースモーカー。マルシェではいつも、カートンでたばこを買う。

中田さん

会社を辞めて、真っ先に相談した人。税理士だが、ほとんど税理士として仕事をしていないような人で、「いい地球」を残していくために、京都の一等地でみんなの居場所をつくっている3児のパパ。

遼介

独立してまだなにもないときに二つ返事で事業に参画してくれた相棒。彼とは学生時代にスターバックスで出会った。

ぼくのひとつ後輩だが、的確な(生意気な)アドバイスをくれる。

第一章
シューカツをやめる

第一節

一人ではできないことも仲間がいればできる

ドッジボールがぼくを変えてくれた

幼稚園へ行くと友だちが横一列に並んでいて、ぼくへの朝礼のあと、一日が始まった。当時はちょっとした「ガキ大将」みたいな感じだったのかもしれない。幼稚園児ながら派閥争いがあって、ぼくの勢力と「しんちゃん」の勢力が二大勢力で、園内を暴れまくるしんちゃん勢力に立ち向かう日もあった。一度、正面衝突に発展したことがあって、ある日の昼下がり、遊戯室でぼくとしんちゃんの一騎打ちがおこなわれた。しんちゃんは、ぼくよりも体が大きくて力も強かったから、あっさり負けてしまったことを覚えている。当時、毎日のように「けいちゃん」と一緒に遊んでいたのだが、その喧嘩に負けた日も、けいちゃんの家に行ってポテチをポリポリ食べながら「喧嘩には負けたけど勝負には勝った」と笑い飛ばした。

小学生になると、ぼくは「ガキ大将」から変わっていった。知らない人に囲まれたり、友だちがいなかったりすると、ひどくおとなしくなってしまうようになった。学校ではあまりしゃべらなくなったし、ハンカチをなくしただけで泣いてしまったこともある。小学二年生くらいのとき、けいちゃんの近所に住む同級生と言い争いになって、教室の片隅で右足を蹴られたことがあった。たったそれだけのことで、ぼくは学校をよく休むようになった。学校へ行っても、お腹が痛いとウソをついて保健室に駆け込んだ。ちょうどそのタイミングで、ストレスかなにかで耳が聴こえづらくなったのをいいことに、めちゃくちゃ元気なのにウソをつき、耳が痛いと言って先生を困らせたりした。そんな日々にはとくに楽しい思い出もなくて、なんとも言いようのないヌルっとした感覚だけがぼくの体に残っている。

しかし小学四年生のときに転機が訪れた。「ボールクラブ」という球技をおこなう授業があって、ドッジボールに出会ったのだ。ドッジボールは、単純に相手にボールを当てるだけのスポーツではない。巧みなパス回しで相手チームを翻弄し、一瞬のスキをつくスポーツだ。だから速いボールを投げることよりも、チームワークが重要になる。ぼくはドッジボールにのめりこんで、中間休みや昼休み、放課後も、時間をみつけてはグラウンドに飛び出して、みんなとドッジボールをした。

ある日、いつものように校舎を飛び出すと、コートに上級生が陣取っていた。「今日からここはオレたちのものだ」と言って動かなくて、ぼくたちは「正々堂々と勝負をして、勝ったほうがコートを使えることにしよう」と提案し、「決闘」をすることになった。「決闘」は一週間後の昼休みということになり、近所の公園で猛特訓の日々が始まった。サインを決めたり、どういうパス回しをするか、誰が最初に外野へ行くか、どのタイミングでフェイントをかけるか、そんなことを話し合ったりして、練習を重ねて来たる日に備えた。

そして当日、上級生とコートを賭けた試合がおこなわれた。相手チームはぼくたちより二人も多くてフェアではなかったが、そのままゲームは始まった。上級生の投げるボールは速かったが、避けるのは難しくなかった。序盤の三分くらいは様子を見る作戦だったので、ひたすらに避けて頃合いを見計らった。そしてサインを出して、ぼくたちは反撃を開始した。

上級生の山なりの外野へのパスを、真上に弾いてボールを手に入れると、なるべく速いパスを回してスキを突いて次々と上級生に当てていった。結果は、ぼくたちの圧勝で、誰一人失うことなく勝利を収めた。チームでなにかひとつのことにぶつかる快感を、ぼくはこのとき初めて知った。そして小学生ながらに、世の中の理不尽に抗うのに必要なことは、チームワークではないかと思った。

六年生のとき、ぼくは生徒会長になった。学校を休むことが多くて保健室によく駆け込んでいたぼくが、ドッジボールのチームプレーをとおして、誰よりも学校が好きな少年になっていた。自分自身でそう変わったのではない。チームのみんながぼくをそう変えてくれたのだった。

チームワークは技術に勝る

チームに救われた小学校生活だったが、高校時代にはチームとはどうあるべきかを考えるようになった。京都府で初の単位制高校だった西宇治高校(現：城南菱創高校)に進学したぼくは、ハンドボール部に入った。当時、ハンド部の顧問だった先生に「騙されたと思って来て」と勧誘されて、練習を見学しに行ったのが入部のきっかけだ。投げるボールの速さ、ディフェンスで体がぶつかる音、腕を振り下ろすたびに滴り落ちる汗、そんな先輩たちを見てすぐファンになるくらい、めちゃくちゃかっこよかった。しかも、部員のほとんどが高校からハンドボールを始めたという。「初心者でも十分に戦える。チームワークは技術に勝る」と先生は呟いた。その一言に魅せられて、ぼくは入部を決意した。

けれど、入部してからの日々はほとんど地獄だった。笑顔で勧誘してくれた先生は、鬼のような形相で檄を飛ばしていて、騙されたと思った。体力勝負の試合を戦い抜くために走り込み、インターバルをはさんで足が動かなくなるまでコートを何往復もダッシュした。ギリギリまでキーパーの動きを見る必要があるから、シュートは倒れ込みながら打つ。そのたび固い地面に体が叩きつけられる。もちろん、ナイター設備はなかったから、先生の車のヘッドライトを照らして夜遅くまで練習に明け暮れた。

地獄のような練習を終えると、ぼくたちは決まって近所のスーパーへ向かい、三割引きになっているアイスとか、三個で一〇〇円のコロッケとか、大特価セールになっている一・五リットルのジュースとかを買って、一気に胃に流し込んだ。その時間は部活とは関係のない話、たとえば恋バナをしたり、バカみたいなことで腹を抱えて笑ったりしていた。帰るのが遅くなって、疲れが取れないまま学校へ行く毎日だったが、ぼくはそんな帰り道の時間が好きだった。そしていつしか、同じ部の仲間たちはチームメイト以上の関係になっていた。

高校三年のときに長崎への遠征があって、のちのインターハイ優勝校と対戦する機会があった。相手チームには県の選抜選手が何人もいて、選手層の厚さは圧倒的に相手が上だった。それでもぼくたちは大健闘をみせて、確かな手応えを感じた。先生の言う「チームワークは技術に勝る」ということを肌で感じた瞬間だった。チームワークで、いい流れをつくることができる。一人では到達できない境地にたどり着くことができた。そんな体験が、いまでもぼくの体に刻み込まれている。

教師になりたかった

実は、ぼくの母校は統合されてしまって、いまはもうない。ぼくたちが西宇治高校の最後の卒業生だった。そういうタイミングもあって、なにかあれば「最後だから」という理由で、思い出をつくろうとした。なんでもない日が、とても愛しく感じられた。文化祭や体育祭のシーズンは、先生たちも一緒になって、その時間を楽しんだ。

学校がこんなにワクワクする場所だとは思っていなかった。そんな場所を職場にできたら幸せだろうなと思って、ぼくは教師という職業をめざすことにした。自分が教壇に立つイメージはできなかったが、母校のような素敵な高校を仕事場にできたらと想像すると心が躍った。周りの友だちは、美容師とか消防士といったように進路が決まっていた。そんななかで、ぼくは大学進学をめざすことにした。

一方で、ぼくは最後の西宇治高校の卒業生として、できるだけ多くの思い出をみんなと築き上げようと毎日を楽しむことに全力だった。そんなことをしていたから、センターの模擬試験では目も当てられない点数だった。けれど、高校のすぐ近くにある田んぼ越しに沈む夕日を見ていると、ここで諦めたらダメだと思えた。センター試験で勝負するのは絶望的だったから、推薦入試を受けられる大学を探した。そしてぼくは、滋賀大学の推薦入試にすべてを賭けることにした。

先生に五年分くらいの過去問を仕入れてもらって対策にあたったが、一問も正解できなかった。小論文の試験にいたっては、英文資料を読めないと解けない内容だった。そこでぼくは、試験に出そうな英単語にヤマをはることにした。それ以外に解決方法がわからなかった。なんとなくテーマを「少子高齢化社会」に絞って、関係しそうな英単語だけを覚えることにした。すると試験当日のテーマが「人口減少化社会」で、おそらく人生で初めて、英語をスラスラと読むことができた。そうしてぼくは、奇跡的に大学へのチケットを掴み取ることができたのだった。

ぼくが必死に受験勉強をしているとき、クラスメイトはお守りをつくってくれたり、教室の机にキットカットを置いてくれていたり、後ろの黒板に受験までの残り日数を書いたりして鼓舞してくれた。それがぼくにとって大きな力になって、ぼくも誰かのためになにかをしたくなった。誰かの優しさがつながっていくような在り方は素敵だ。不思議なことに、ぼくの高校ではそんな場面がたくさんあった。卒業の日を迎えて、ぼくは生徒会長ではなかったのだが、クラスメイトや先生に推薦されて答辞を読むことになった。みんなに対する感謝の気持ちというか、みんなと出会えた喜びをメッセージに込めようとした。しかし伝えたいと思うほどに、いろんな気持ちが交差して涙が溢れてしまって、全然うまく話すことができなかった。

友だちづくりに出遅れた大学生活を楽しむために

まさに青春と呼べるような濃密な高校生活を過ごして、ようやく入学した滋賀大学での生活は、思い描いていたキャンパスライフとはすこし違っていた。ぼくはみんなに応援してもらって、ギリギリ入学することができたのだったが、ぼくの周りの多くの学生はいわゆる「すべり止め」で入学していた。だからか、どこか閉塞感が漂っているようで、当時のぼくにはあまり楽しめる雰囲気ではなかった。昼休みには高校時代の友だちに電話をして、「全然おもんないわ」とか「こんなところ来るんじゃなかった」とかの愚痴をこぼしていた。気づいたら、周りにはどんどん仲良しグループができていって、ぼくは完全に大学デビューに出遅れていた。

大学一年の夏は、週の六日くらいを高校時代の友だちの家で過ごした。ある日、大学の愚痴を吐露していたら、一人が「おまえ文句ばっか言って、なんもしてへんやんけ」と言った。ぼくはブチッときて口喧嘩が始まってしまったのだが、そのあと振り返ってみて彼の言うとおりだと気づいた。みんなに応援されて入学したにもかかわらず、言い訳ばかりしている自分が恥ずかしくなった。それからぼくは、大学生活を楽しむ努力をすることにした。

　それからのぼくは、できるだけ積極的に、大学のメンバーやイベントに関わるようにした。いまを楽しくすることができなければ、いつまでたっても愚痴を言い続ける人生になるような気がした。自分自身が楽しむのはもちろん、周りの人たちにもワクワクした時間を過ごしてほしいと思うようにもなった。入学当初から「アルティメット」というアメリカ発祥のフリスビーをつかったスポーツをするサークルに入っていたのだが、学年を超えて仲を深められるように、練習中や休憩時間も橋渡し的なコミュニケーションを図るようにした。大会では競技を楽しむだけでなく、音楽を流してみんなで踊ったり、バカ騒ぎしたり、そしてもちろん夜が更けるまで恋バナをしたりした。その大会には普段は英語の先生をしているアメリカ出身の人たちがチームを組んで出場していて、ぼくはアルティメットを通じて異文化交流を楽しんだ。肌の色、文化、ことばやマインドも、まったく違う人たちと交わるのは刺激的だった。彼らをもっと知りたいと思ったし、彼らが過ごした地へ行ってみたいという気持ちもどんどん強くなっていった。

　大学一年が終わる頃、ニュージーランド人のポールと仲良くなった。彼は母国で教師をしていて、日本へは休暇中に訪れていた。日本をもっと知りたいという彼と、もっと海外の人たちのことを知りたいというぼくの気持ちがマッチして、すぐに意気投合した。大学近くのうどん屋へ一緒に行くと、彼は畳や座布団に興奮していた。ぼくはぼくで、箸をうまく使えない彼を見て「そうかニュージーランドの人たちはナイフとフォークでご飯を食べるのか」と気づいた。それは小さなことだったのだが、そうした小さな発見の連続が、その時期のぼくにとっては最高の刺激だった。

そしてぼくは大学一年から二年へとあがる春休みに人生初の海外、ポールに会うためニュージーランドへ行くことにした。

いざ到着したはいいが、ほんの二日ほどでぼくはホームシックになり、ポールに毎晩のように電話していた。そのたびにポールは「きみは日に日に英語が上達しているし、ものすごくセンスがある」とわかりやすいウソをついてぼくを励ましてくれた。週末にはポールの家族や恋人に会ったり、一緒にドライブへ行って、いろんな景色を見た。ポールがハンドルをきったその先にはオークランド市内を見渡せる丘があって、ぼくらは車を止めたあと、息を切らしながら丘の上へ向かった。頂上へ着くと、ちょうど夕暮れ時で、地平線に沈む夕日を見た。それは高校のときに見た田んぼに沈む夕日とはまた違ったけれど、その景色にことばを失った。そこは彼のおすすめのスポットだった。なにより感動したのは、同じものを見て同じように喜び合えたことだ。人と人とは違うことだらけかもしれないけれど、なにに心が動かされるのかは、あまり変わらないのではないかと思った。

サークルをつくろう

大学二年になって、もっといろんなことを経験したいと思うようになった。仲良くしていたアルティメットサークルの先輩が、なにかに挑戦してみたいと思っていたぼくのことを見て「お前もサークルをつくってみたら」とアドバイスをくれた。当時、滋賀大学を盛り上げようとする学内プロジェクトが立ち上がっていて、ぼくはその一環として、学生同士はもちろん、地域と大学がもっとコミュニケーションできるサークルをつくることにした。最初はぼく一人しかいなかったから、授業が始まる前にチラシを配らせてもらったりして、メンバーを集めようとした。

新しいことをやろうとしているから、周りから変な目で見られることもあって、最初は思うように人が集まらなかった。通常の大学の講義に加えて、教師をめざして教職課程を履修し、家に帰ったらバイト、そのあいだにサークルのことを考える多忙な日々のなかで突然、孤独感に襲われて電車に乗っているとき大学へ向かっているのか家に帰っているのかわからなくなった。大学へ向かうＪＲ琵琶湖線の近江八幡駅と能登川駅のあいだくらいに広がる風景はとても綺麗で、そんな景色を車窓から眺めていると涙が溢れてきた。なにかを始めるというのは大変だ。でもぼくには大学で失うものなんてなかったし、なにより高校のみんなに背中を押されてきたから、後ずさりする理由もなかった。

一人でメンバー集めのビラ配りをしていたある日、「また一人やん」と声をかけてきたのは、大学イチの美人と持てはやされていた同学年の学生だった。彼女はすでにいくつもサークルに入っていて、大学での顔も広かった。ぼくはそんな彼女に素っ気なく「ほっといてくれ」と突き放したのだが、彼女は同じグループだった何人かを引き連れて「サークル、入ってあげてもいいで」と話しかけてきてくれた。男はバカで、かわいい子が入ると、瞬く間に集まってくるものだ。ぼく一人で始めたサークルは、いつしか一〇〇人を超えていた。

サークルでは、七夕の季節に学生の願い事を募集し、そのなかの一つを叶える企画を映像作品にしたり、夏休み返上でダンスに打ち込んで、文化祭の大トリで踊ったりした。友だちが増えるほどに大学が面白くなっていったし、いろんな関係のなかで時間を過ごすことに充実感を見出していった。

福島ドキュメンタリー制作

二〇一一年三月一一日、忘れられない出来事が起こった。東日本大震災だ。テレビ越しに起こっていることが現実とは思えなかった。自分になにができるだろうかと考えたけれど、なにをしていいのかわからず、募金箱にすこしのお金を入れることしかできなかった。ぼくは大学までいって、しかもそれなりに社会やいろんな人たちと関わって成長してきたつもりだったが、あまりに無力だった。

災害の様子は連日のように報道され、そのたびに被害がどんどん大きくなっていった。それを見ていて、ぼくにできることは募金しかないのかと、ずっと考え悩み続けていた。なにか力になりたい、でもなにをしたらいいのかわからない。そこでぼくは、まず現場へ行って向こうの状況を肌で感じたいと思った。そうすれば、なにかぼくなりにできることの糸口を見つけられると思ったのだ。発災の二ヵ月後、ぼくは学生なりにできるアクションを探るべく福島大学へ行くことを決めた。

そのことを、当時お世話になっていた先生に報告した。ぼくは激励されると思っていたが、先生からは叱責されることになった。「あなたは何様なのですか。向こうはそこに住んでいる方々の生活の場であって、あなたみたいな学生の学びの場ではありません」。

言い返すことばがなかった。ぼくはアクションを起こすことが正しいと思っていた。しかしぼくの言動が、意に反して、向こうで生活を営む人をひどく傷つけることもある。予想もしていないところで、心の傷をえぐることもある。アクションを起こすことが孕んでいる暴力性を十分に認識していなかった自分を恥じた。

ぼくはSNSを通じて福島大学の学生や先生に連絡を取り、あらかじめ了承を得たうえで訪問することにした。そのことを先生に報告すると、ビデオカメラを持っていくようアドバイスを受けた。そうして福島大学へ向かい、現地では学生へのインタビューを中心に、カメラを回し続けた。できるだけ多くの学生と対話を重ねることを心がけた。そして撮影したものを大学に持ち帰って、一本の映像を制作したのだが、その作業中も先生からの叱責を受けることになった。

「あなたの編集は卑怯です。人の話をちゃんと聞いていない。なぜ人の気持ちをすくい上げる努力をしないのですか」と先生は言った。一つひとつのシーンは事実かもしれないが、真実でないことがある。表面に出てきたものだけをあげつらう行為は、真実を曲げてしまうことがあるのだ。ぼくは大学に泊まり込み、撮影してきた四本分のテープを二〇時間ぐらいかけて起こし直した。テープ起こしという作業をナメていたが、インタビューでやり取りした内容だけでなく、風景やカメラ回しを含めて、すべて文字にする。映像を何度も再生しながら、いまのことばの間はなにか、その表情はなにを物語るのか、そういったことを問い続けていたら、突然、涙が出てきた。人と向き合うことは、こんなにも難しくツラいことなのかと胸が締めつけられた。作業を終えたときには、原稿用紙五〇枚分にのぼっていた。

同じコーヒーを飲んで、おいしいと言い合える時間

サークル活動、福島での映像制作などたくさんの経験をするなかで、うまく言い表せないことがたくさん出てきた。そうしたものをことばにしたいと思ったし、もっといろいろなことを知りたいと思うようになって、本を読み漁りだした。そのときに出会った本が、ハワード・シュルツ、当時スターバックスＣＥＯの著書だった。そのなかで登場するスターバックスは素晴らしかったが、綺麗事をならべているように見えた。だからぼくは確かめに行くことにした。

大学から歩いて一〇分くらいのところの琵琶湖沿いに、スターバックスがあった。ぼくはそこで人生で初めてスタバに入ってコーヒーを頼もうとしたのだが、メニューが多いのと、カタカナの表記の意味がわからなくて、レジの前で動けなくなった。するとグリーンのエプロンを着た人が「もしよければ一緒にお選びしましょうか」と声をかけてくれた。その人はスマートに、そしてフレンドリーに、カウンターでドリンクを出すところまで親しみのある対応をしてくれた。一口飲んだスターバックスラテは驚くほどおいしかった。

店内のソファ席に座って観察すると、店員さんたちはどのお客さんにもすごく素敵な接客をしていた。彦根にこんな場所があったなんて知らなかった。そんな空間に惹かれたぼくは一緒に働いてみたいと思って、気づいたらその場で面接を申し込んでいた。そこから大学卒業まで、ぼくはスターバックスでアルバイトをさせてもらうことになる。

スターバックスで働いた時間は、とても面白かった。それ以上に、学ぶことが本当にたくさんあった。オペレーションに必要なスキルはもちろん、人と良好な関係を築いていくためにはどうしたらよいかを考える機会が毎日あった。そのぶん、怒られることも多かった。人の気持ちを考えることには、もちろん正解がない。その正解のないことに対して、ケースバイケースにどうしたらよかったかというのを、パートナー（スターバックスでは一緒に働く仲間のことを親しみを込めて「パートナー」と表現する）と話し合ったりして、そのたびにぼくはいろんな人たちの知恵を借りて接客に活かしていった。

学べば学ぶほどに、ぼくはバイトにのめり込んでいて、気づいたらバリスタトレーナーというポジションで働くようになっていた。新しくパートナーの仲間入りをする人たちに、スターバックスでめざしていることとか、提供しているコーヒーがどういうものなのかを説明する過程で、また新しく知ることもあった。そんなことをしていると、もっといいお店にしたいと思うようにもなってくる。お客さんに喜んでもらえそうな企画を考えたり、顧客満足度をあげるための取り組みを考えたりする時間も、とても充実していた。バイトが嫌じゃなかったのは初めてだった。

働くうちに、ぼくはコーヒーも好きになっていった。季節ごとに出るコーヒーが待ち遠しくなった。シフト時間の前には、その日に提供されるコーヒーをパートナー同士で飲みながら感想を言い合ったりして、自分なりの表現でお客さんに伝えることが楽しみのひとつになった。そして同じコーヒーを飲んで「おいしい」と言い合える時間こそが、大切であるということを知った。そういう時間をつくり続ける場所は、めちゃくちゃ素敵だと思った。

そんな場所で、のちに一緒に会社を立ち上げる井上遼介と出会った。彼は隣の大学で建築を学んでいて、ぼくより一つ年は下だった。彼は彦根に下宿していて、ぼくは宇治から通っていた。ぼくは琵琶湖線の最終電車に間に合うまでのシフトを組んでもらい、彼は閉店間際のシフトを組まれていて、基本的に働く時間帯は被らなかった。だからあまり接点は多くなかった。

遼介は忙しくしていた。うわさによると、大学のプロジェクトで東北へ行っているらしかった。そのことについて、彼と深く話したことはない。そういう話にならなかったのか、しなかったのかはわからない。ただ彼と会うときは、だいたい時間がなかったり、みんなでお酒を飲んでいたり、とにかくフザケていた。

そのとき遼介と話していたのは確か、お互いの夢にちかいものだった気がする。彼は相当にお酒が強くて、みんなと「宅飲み」で騒いでいるときは、だいたい最後まで起きているタイプの人間で、ぼくはそれほどお酒は強くないが、調子のいいことを言って相当の量をみんなに飲ませてしまうタイプの人間だったから、周りが寝静まったときくらいに、ようやく二人でしっぽり話し合っていたと記憶している。

そんな時間でぼくは、物々交換みたいなことで、それぞれが持っている価値同士を交換できるような世の中って素敵じゃないかというような話をした。全然お金がなかったということもあるが、いろんなものがお金に置き換えられていくよりも、みんなが持っている見えない価値をちゃんと評価し合えるような世の中のほうが面白そうだと思った。ぼくたちはわかりやすいものに動かされがちだ。しかしわかりやすくしたものの外側には、ことばにできないような曖昧なものがあって、それこそが人間らしいもののような気がしていた。それなのに画一的に数字に置き換えられていくことに違和感を覚えていた。

一方、遼介は「リョウスケタウン」構想について話していた。若いっていい。彼は自分のまちをつくりたがっていた。「リョウスケタウン」ではさまざまな職業の人たちが各々の創作活動をしていて、そういう「やりたい」という気持ちを形にしていく場所をつくりたいと、ざっくりそんなことを話していた。お互いにそんな夢物語を描いていたのだが、まさかそれから何年か経って、一緒にそんな世の中をつくっていく挑戦をすることになるとは、そのとき思いもしなかった。

誰も見たことがない景色を見たい

大学三年の夏が終わった頃にはもう、シューカツが視野に入っていた。ぼくとしてはようやく面白くなってきたところだったのに、友だちはシューカツで多くの時間を取られるようになって、企業説明会を理由になかなか大学に来られないようだった。

ぼくも同じように流れに身をまかせてシューカツをすることにした。多くの学生が憧れるような業界や会社の説明会に足を運んだが、「グローバル人材」を求めている人事担当者に「グローバル人材ってどんな人ですか」と聞いて、よくわからない返答をされたことを覚えている。海外の友だちにシューカツの愚痴をこぼしていると、好きなタイミングで人生を選択できる国が多くあることを教えてくれた。つまりそれは、新卒一括採用で、みんなが同じスタイルでシューカツに臨むこと自体が全然グローバルではなかったということを知った瞬間だった。

そしてぼくはシューカツをやめた。みんなにとっての正解が、自分にとっての正解とは限らない。自分が納得するやり方で人生を決めたかった。ぼくは一年間の休学届を出すことにした。ただでさえ自由な大学生活において、休学することの是非を家族には問われたが、四年間あると思っていた大学生活は、シューカツのせいで実質三年ちょっとしかなかったのだから仕方がない。なかば強引に押し切る形で休学する道を選んだ。そしてそのときには海外へ行くことを決めていた。どうせなら誰も見たことがない景色を見たいと、南米か中東かアフリカ地域で行き先を探した。

するとたまたま国際系のＮＧＯのサイトで、アフリカのトーゴ共和国という国でラジオ局のスタッフを募集している記事を見つけた。見たこともないたこともない国で、調べると周辺国には在留邦人が三〇〇人ほどいるが、トーゴには二人しかいないようだった(二〇一二年時点)。トーゴ共和国は西アフリカ地域に位置していて、人口およそ八〇〇万、公用語はフランス語であるが、四〇以上の民族がそれぞれのことばを話す。平均年齢は一九歳くらいで、経済成長率は二〇一〇年代は四パーセント前後で推移している。若くて勢いのある国であり、また二〇一二年には非常任理事国に選任されている。一方で、後発開発途上国に指定されており、世界最貧国のひとつとして挙げられる。

そんな見知らぬ国のラジオ局で働く。いま思い返すと若さというものはすごい。できるかどうかという不安よりも、好奇心が勝ってしまったのだ。アルバイトでお金を貯めて片道分の切符を買い、黄熱病の予防接種を打ってから、ぼくは世界最貧国のひとつ、アフリカ・トーゴ共和国へ旅立つことになった。

▲注目してほしいのは、「トシハルおまもり」だ。大学のゼミのメンバーが、トーゴへ行くぼくのために、タオルに刺繍してくれた。

GO TO

「ほんまは不安で押しつぶされそう。いや、でも
やらずに後悔するよりは、やって後悔したほうがいい。
行ってみないとわからない」
ぼくは飛行機のなかで、自分にそう言い聞かせた。

ぼくたちの住む日本から遠く離れた土地、トーゴ。
習慣も価値観も、なにもかもが違っている。

TO
GO

そんな景色を前にして
文字どおり、すべてが反転するような体験をすることになる。

第二節

ラジオ局で働く

貧困と暮らしのコミュニティ

格安航空を乗り継ぎ、タイとエチオピアを経由して、トーゴへ向かった。トランジットを含めると到着までに40時間くらいかかった。ようやく到着したトーゴは、まさに異空間と呼べる景色が広がっていた。肌に触れる空気や目に映るもの、聴こえる音、すべてが日本と違っていた。とくにぼくはにおいには敏感だ。まち全体がガソリンのにおいで覆われているのではないかと思うほどに、鼻についた。

空港を出るとバイクタクシーや車[*01]がビュンビュン行き交っていた。このときは6月で、外の気温は30度くらい。見知らぬ土地で不安がいっぱいだったが、日本の国際系のＮＧＯに紹介された現地ＮＧＯのメンバーが空港まで迎えに来てくれていた。長時間のフライトの疲労と、異国の地に足を踏み入れる緊張と不安もあって、ハグをしたとき思わず涙が溢れた。そんなぼくを見て、周りの人はザワザワしたあと、手を叩い

*01 当時のトーゴは、1970~80年代くらいのトヨタカローラが主流。フロントガラスはバリバリ、シートはベロベロ、車内はノリノリだった。

てリズムを刻み、明るい歌を奏でてくれた。彼らに励ましてもらいながら乗り合いタクシーに乗り込み、首都のロメから120キロほど北上したパリメというまちへ向かった。その道中、タクシーの運転手から現地語をすこしだけ教えてもらうことができた。トーゴの公用語はフランス語なのだが、もちろんぼくは話せない。どうせ話せないのなら現地語を話したいと思ったのだ。現地語は、トーゴ南部を中心に、ガーナとベナンの一部にまたがって住むエウェ族のことばだ。

パリメに着いてタクシーを降りるや否や、ものすごい人だかりができた。そこは日本人どころかアジア人さえいないような地域で、群がった人たちは初めて見るであろうアジア人に興味津々だった。そこでぼくはタクシーの運転手から教えてもらった現地語で自己紹介[*02]をした。すると大歓声があがり、甲高い声で奇声を発する人たちもいて、握手やハグをされたり、肩を組んだりして喜び合った。その後もぼくはトーゴ共和国のパリメというまちで、エウェ語とボディランゲージで、友だちを増やしていった。

到着したあと、ラジオ局の近くにある家でホームステイすることになった。6畳くらいの広さで、ベッドと机があるだけのシンプルな部屋だ。荷物を置いてベッドに倒れ込むと、近

*02 挨拶の一言目は「オッファン」もしくは「オッフォニュイダ」。「オッファン」には「メッフォン」と返事する。「オッフォニュイダ」には「メッフォニュイデ」と返す。意味は「元気？」「元気やで」くらいのニュアンスだ。

所の子どもたちが部屋の外からこちらをのぞき込んでいるのに気づき、挨拶すると笑い転げながら逃げていった。それから5分おきくらいに、隣の家や向かいの人、目の前の道を通る人たちが部屋をのぞき込んでくるようになった。

そうした生活を数日おくったあと、ステイ先の食卓で、心に残る体験をした。トーゴでは毎日のように芋料理を食べていて、すこし飽きがきていた。その日もヤムイモを食べていると、ステイ先の娘さんのアメリが、そのヤムイモを隣の家に持って行って、バナナと交換してきた。そしていつもの料理にバナナを揚げたデザート(現地では「アロコ」と呼ばれる)がついて、なんだか心が温まった。そこにお金は発生していない。しかし確かになにかを得た感覚があった。そんなことが、トーゴという国では頻繁に起こる。

毎週土曜日には「グランマルシェ」が開催される。そこは人々の生活の中心地で、商品をお金に換える場としてだけでなく、コミュニケーションの場として機能していた[*03]。マルシェで店を営む人たちが巷の情報を知るスピードは、インターネットよりも速い。ご近所さんの夫婦関係がうまくいっていないこととか、あそこの2人はデキているらしいとか、怪しげな日本人が忍び込んでいるだとかの情報が、驚くほど速く広まる。

*03 人々との関係を築いていくのに、雑談はとても重要なコミュニケーションだ。挨拶に始まり、昨晩はよく寝れたかとか、好きな人ができたかとか、これからなにをするのかとか、ありとあらゆることを、根掘り葉掘り聞かれる。

ぼくがマルシェへ遊びに行くと、あちこちの店で「トシ！！！」と呼び止める声が聞こえて、あちらこちらで雑談をしながら、彼らの生活をすこしずつ知っていったし、逆に日本での生活のことを話してその地域に溶け込んでいった。

そんな人々のふれあいが、ぼくには心地よく感じられた。日本にいたときに答えがでなかった「グローバル人材」の意味は未だによくわからなかったが、地域の人たちとの交わりのなかで、その土地のことをよく知ること、わかり合おうとすることが、異国の地において楽しく歩んでいくのに必要なことではないかと思った。そしてそれは、ぼくが想像するよりもずっと小さな、ローカルなところで見出されるものなのではないかと感じた。

ラジオ局で考えた日本のこと

ラジオ局[*04]の仕事は、かなりクリエイティブな業務だった。というより、クリエイティブにならざるを得なかった。局長は、まさか本当にぼくが来るとは思っていなかったようで、もちろんなにも準備してくれていなかったし、やることもなにも

*04 トーゴの人たちはみんなラジオをよく聴く。テレビがあんまり見れない(持っていなかったり、砂嵐であまり映らなかったりする)のもあるし、仕事しながらでも楽しむことができるからだ。トーゴでいちばんメジャーなメディアだ。

決まっていなかった。だからしばらくは、チームの朝礼に出て、取材に行く人がいれば同行させてもらうようにして、業務の1日の流れを把握することに努めた。

朝礼では、報告事項や、要人の動向を追うためのスケジュールを確認して、ディレクターが「最後になにかあるやつはいるか」と聞くのが恒例になっていることがわかった。着任して3日が経った頃、ぼくは、この朝礼の際に必ず最後になにかを発言することにした。情報の取り方や、記事の書き方などの仕事にまつわる質問をすることもあったが、反対にチームのみんなから日本のジョークについて聞かれることも多くて、ぼくはちょっとした一発ギャグ*05を彼らに伝授していった。

そんなことをしているうちに、手伝いや同行だけではなく、もっと自分で動きたい気持ちが強くなってきて、記事を書いてみることにした。ぼくだからこそ書ける記事でなければならない。いろいろ検討した結果、東日本大震災をテーマに構成を考えることにした。ぼくは専門家ではない。でも学生なりに動いて感じてきたことがあって、そのなかで自問自答を繰り返していた。それは「本当に必要なことってなんだろう」ということだったり、「これからどういうスタンスでいるべきなのだろうか」という将来のことだったりした。そんな自問自

*05 ぼくが披露したギャグのなかで、抜群にウケたのは、やはりコマネチだった。シンプルで発音もしやすいから、しばらくのあいだ、ぼくたちの挨拶はコマネチになった。

答の日々で、ぼくは生きることとか死ぬこととか、そんなことに向き合った。そしていまでも向き合っているくらい、大きな出来事だった。

その出来事をテーマにペンをはしらせた。日本という国は、豊かさを追求してきた結果として、また経済成長を優先してきた過程で、数多くのなにかを犠牲にしてきた。そしてついに、ぼくたちは日本の国土の一部を原子力発電所から漏れた放射能によって半永久的に失うことになった。発災した場所で、もともと生活していた人たちは、その土地に戻ることはできない。そこで見る景色、におい、音。すべてが奪われてしまうことになった。奪ったのは紛れもなく、ぼくたち人間だった。

合計して4本の記事を書いた。それが局長に評価されて、番組内で特集を組んでもらえることになった。そしてその放送の感想をまちゆく人たちにインタビューして、次の記事を書いた。ぼくは公用語のフランス語も現地語もうまく話すことはできなかったけれど、リスナー*06からもスタッフからも労ってもらった。「日本人がここまでするとは思わんかった」と。

*06 そもそも見たこともないアジア人がまちにいるということで、ぼくの動向はリスナーの注目の的だった。「あいつはなにをしてんの？」とか「ちゃんとやってんのか？」というご近所さんからの問い合わせが多く、そのたびスタッフが「あいつはクレイジーで、よくやってくれてる」と答えてくれていた。

突然の病気とエウェ族の祈り

パリメでは物珍しい日本人のぼくがまちを歩くといろんな人たちが集まってきてくれた。ラジオ局は宿から15分くらい歩けば到着するところなのだが、子どもたちを連れ歩き、道ゆくおばちゃんたちから「昨日はよく寝れたか」とか「気分はどうだ」とか「ここでの結婚相手は見つかったんか」とかの質問攻めにあうので、結局1時間ちかくかけて通勤していた。ぼくはこうしたトーゴでの生活を楽しんでいた。

ラジオ局の昼休みは長くて[*07]、正午からだいたい14時半くらいまでしっかり休む。みんな昼寝をしたり友だちや家族と語らうなどして過ごす。ぼくはトーゴで「ASTOVOT（アストボット）」というNGOにお世話になっていた。60年以上にわたって、ボランティアのプログラムをつくっているトーゴで最初のNGOだ。昼休みになると、このASTOVOTのオフィスやインターネットカフェへ行って、日本のみんなに生存報告をしたり、ここでの生活をリポートしていた。

ある日、いつもと同じように昼休みにASTOVOTへ行って、ネットサーフィンをしていた。すると突然、寒気が襲ってきて痙攣を起こした。強烈な悪寒と腹痛、頭痛、吐き気。

*07 一方で、トーゴの人たちの朝は早い。5時くらいには起きて、腰をかがめてホウキで家の外を掃除する。その音を目覚ましがわりにして、毎朝ぼくは起きていた。

嗚咽が止まらず、息ができなくなって倒れ込んでしまった。30分くらい悶絶しているうちに、いろんな人が集まってきて応急処置をしてくれた。すこし症状が治った瞬間を見計らって、現地の友だちの一人がバイクを走らせてくれて宿へ戻った。しかし時間が経過するにつれて症状は悪化した。悪寒で震えるのを歯を食いしばって耐えていたが、力を抜くと意識が飛びそうになった。穴を掘っただけのトイレまで這いつくばって向かって、泥と便にまみれながら、ぼくは嘔吐と下痢を繰り返した。

そんなことが丸2日も続くと、体力は限界を迎える。吐くものはなにも残っていなくて、悪寒に耐えた手のひらは爪が突き刺さって肉片が剥がれていた。卒倒したときに顔面を打っていて、まぶたの上から流れてくる血が首筋で固まっていた。最期を覚悟して遺書を書こうとしたが、机のうえに置いてある紙とペンまでたどり着けなかった。

そんなとき、どういう感情かわからない涙が出てきた。まだ涙が出る水分が体にあったのかと思っていたら、部屋の扉が開いた。ラジオ局のディレクターやスタッフ、近所のおばちゃんや子どもたちがお見舞いに来てくれた。ぼくは来てくれた人と話をするどころか、もうほとんど動けない状態だったのだが、6畳くらいの部屋が人でいっぱいになって、手拍子が始まった。そしてエウェ族に伝わる祈りを捧げてくれた。みんなが持ってきてくれたパイナップルやマンゴー、オレンジがカゴからこぼれ落ちるのが見えた。ビスケットやチョコレート、普段みんなが食べないような高級なお菓子もたくさん差し入れてくれた。突如として始まったお見舞いは、日が暮れるまで続いた。いろんな思いが交錯して、いつぶりかわからないが、声を出して泣いた。まだ死にたくないと叫んだ。そして、もっと生きたいと叫んだ。

生きたいというエネルギーが湧いてきて、ぼくは蚊が舞う井戸水を頭からかぶって飲んだ。差し入れのパイナップルを手でむいてかぶりつき、マンゴーは皮ごと口に放り込んだ。自分は弱い。誰かに生かされている。一人では生きることができないという当たり前のことを、ぼくはそのときに初めて気づいたのだった。

仲間に抱えられて病院へ向かった。自分だけの力では歩けないほど衰弱していたので、両脇に1人ずつ、腰あたりに2人、両足に1人ずつ、ぼくの体を抱えて病院まで連れて行ってくれた。診察室にとおされ、注射を打った。アルコール消毒の綿は黄ばんでいて、使い回しの注射針で腕を3ヵ所くらい刺された。検便をすると、医者(と名乗るが、免許はもたない人)も驚くほどの大量の虫が腸に発生していた。そして、アラビア語で書かれたよくわからない薬を渡された。

よくわからない薬を飲みながら、症状が治まるのを待った。それはほとんど自然治癒力に委ねるような治し方で、ぼくは無理やりご飯をもりもり食べて、10時間くらい睡眠を取った。とにかくエネルギーをチャージすることを優先した。症状がマシになったあと、ラジオ局での仕事[*08]に戻ったが、帰国の途につくまで37度5分くらいの熱がずっと続くような状況で、ものすごい倦怠感と闘いながら日々を過ごした。

「みんなが笑って過ごせる世界をつくりたい」

病院に行ったとき、ぼくと同じ症状で何人もの子どもが命を落としている事実を医者から聞かされた。ぼくが服用した薬は1,000円ちかくする。主要産業のバイクタクシーの運転手の日給が400円程度であることを考えると、かなり高額だ。薬を買えなくて命を落としたり、重い後遺症が残るケースは頻繁にある。いまぼくが生きている世界は、生まれた場所次

*08 ラジオ局での周りの同僚は、ぼくと同じタイミングで赴任してきた海外からのスタッフだ。彼らは巧みにフランス語を話したが、結局、番組制作ができたのはぼくだけだった。言語スキルがないにもかかわらず番組をつくらせてもらえたのは、地域に溶け込もうと努力した結果だと思う。この体験は、その後のぼくの働き方に大きなヒントをくれた。

第で死が身近に存在する。命の重さはみんな平等というのはウソだ。この世は不条理なことで溢れている。そうした世界では理不尽なことも起こる。

ぼくはできるだけ現地語を使うように心がけていた。そんなこともあってか、このまちですぐに友だちが増えていったのだが、そのなかにダウン症の友だちがいた。彼の名前はヤオといった。エウェ族では生まれた曜日ごとに名前が決まる。ヤオという名前は木曜日に生まれた男性を指す。そんな話を聞いて調べると、ぼくも木曜日に生まれていた。だからか、ぼくたちは毎週木曜日の夜に、いつものバーでお酒を飲みながら朝まで踊ったりするような仲になれた。

ヤオを含めて5人くらいでマルシェへ遊びに行ったある日、衝撃的な事件が起きた。それは日常のさなか、突然に訪れた。ヤオがいきなり数人に引っ張り出され、着ていたシャツを脱がされて木に縛りつけられた。そして複数人の男が、ヤオの背中をムチで何度も打ち始めた。ぼくは皮膚から血が飛び散るのを初めて見た。みんな口々になにかを訴えているが、内容も目の前で起こっていることも理解できない。その勢いに、ぼくはその場に立ち尽くし、友だちが血を流しているのを黙って見ていることしかできなかった。一緒にいたマックスは、体をはって懸命にヤオを守っていた。

現地では呪術を信仰する人たちが一定数いて、彼らはダウン症の人たちを「悪魔が憑依している」と認識していた。ヤオに加えられた暴力は、悪魔を追い払わなければならないという善意からおこなわれていた。トーゴの人口はおよそ800万。その10人に1人は遺伝や食生活の偏りから、なんらかのハンディキャップをもつ。そうした人たちや女性は、社会構造の底辺に身を置かざるを得ず、差別や暴力の標的になりやすいことも同時に知った。そのようなことがあった日の夜、満天の星空の下、マックスが言った。

「俺は、みんなが笑って過ごせる世界をつくりたい」。

トーゴという国は世界最貧国のひとつに挙げられる。アフリカ諸国のなかでも、かなり生活水準は低い[*09]。そのような環境にあるため、経済的なステイタスを求める人が大半を占める。家や車を買ったりしてリッチな生活をしたい人と願う人がいるのは、なにもこの国に限らない。ぼくだってそう変わらない。しかしマックスは違った。目の前の人が傷ついていることに強い憤りを感じていた。そしてそのような現状を打破しようと、もがいていた。

鈍器で殴られたような衝撃だった。いかに自分が浅はかだっ

*09 トーゴの周辺国には、生活水準の高いナイジェリアやガーナがある。それらの国は公用語が英語で、海外企業や国際協力系の組織が拠点を構えやすい。資源も豊富で、ビジネスチャンスがある。一方トーゴは、出稼ぎや政情不安を理由に人口が流出しているため、経済発展に遅れを取ったとされる。

たのかと思い知らされた。そしてぼくも、彼が訴えるような「みんなが笑って過ごせる世界」を見てみたいと思った。当時は大学生でお金もないし、経験もスキルもない。気合いや根性だけではどうにもならない現実が、目の前にはある。だからぼくは、社会人になってお金を貯めて経験を積み、勉強もたくさんして、再びここに戻ることを決めた。

「今度はビジネスマンとして帰ってくる。だから諦めるな」と彼の目を見て言った。それがそのときぼくにできる精いっぱいのことだった。アイディアはなかったが、いつかまたトーゴに帰ってくることを約束して日本に帰国した。それから6年後、ぼくは再びアフリカ大陸へ向かうことになる。

▲高熱で倒れたぼくを懸命に介抱してくれたアメリ。彼女はその当時、身の回りが大変だったのだけれど、誰よりも優しく、不慣れなぼくの面倒をずっとみてくれていた。

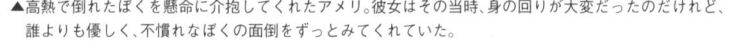

Column

トーゴの食べ物

現地の食事のレパートリーはわりと限られている。まずお米はある。ただ、タイ米のようにパサパサしている感じだ。お米には基本的に「エベスィスィ」と呼ばれるトマトソースをかけて食べる。エベスィスィにはスライスした玉ねぎや、ほぐした魚の干物を入れ、すり潰した唐辛子(「ピーマン」あるいは「アタディ」と呼ばれる)とブイヨンキューブを入れて味付けする。ブイヨンキューブはネスレ社が展開する「Maggi(マギー)」が使われることが多い。レストランや一般家庭にも親しまれている調味料だ。

料理はよく味わうとコクや旨味を感じられるが、とにかく辛い。ぼくが求める辛さの4倍くらい辛いから、味わうことなく、胃に流し込むのがクセになっている。そしてその辛さがダイレクトにお尻の穴に影響してしまうから、基本的に滞在期間中は下痢をしている。

エベスィスィはスパゲッティと絡めて食べることも多い。スパゲッティの種類は、ワインのように赤と白がある。赤はエベスィスィを絡めるものだが、白はペペロンチーノのように、油と唐辛子を絡めるオイル系のものだ。これらに卵焼きや魚の干物をトッピングする贅沢があったりする。場合によっては、ファストフード店のポテトのようなトッピングもできる。そのポテトは、現地では「エテ」と呼ばれる、ヤムイモである。

ヤムイモは主食として広く食べられている。ハレの日の定番料理である「フフ」は、ヤムイモを蒸かして、それを日本のお餅のように杵と臼でついて成型していく。そうして形どったものを指先で取り、スープにディップして食べるのがスタンダードである。そのスープはもちろん、唐辛子で味付けされている。澄んだ色のスープが多く、トマトやナス、魚の干物と一緒に、鶏や羊などの肉を煮込んでつくるものもある。

ヤムイモは調理にかなりの労力が必要なので、一般家庭では「パット（現地では「アクメ」と呼ばれて親しまれている）」を頻繁に食べる。アクメは乾燥させたトウモロコシを粉状にしたもの（「ガリ」と呼ばれる）をお湯と混ぜ合わせてつくる。これにディップするのは、モロヘイヤのソース「アディメ」が多い。独特の粘りに絡ませて食べるアクメは、そこそこにおいしい。この「そこそこにおいしい」というのがミソで、毎日食べても飽きにくく工夫されているようにも感じる。

だいたいレパートリーは、お米とスパゲッティ、ヤムイモ、パットの4種類くらいだ。そのルーティンを繰り返していくと、どんどん体が馴染んでくる。不思議なことに、なぜかことばを聞き取れるようになってくるし、同じタイミングで笑えたりする。

そうはいっても、毎日食べ続けると飽きてしまう。そういうときぼくは、いつものカフェで飲む、一杯のコーヒーに癒しを求めたりする。

◀上の写真の料理は、日本でいう焼き飯のようなもの。現地の人は、とびきり辛い唐辛子をペーストにして、あわせて食べるのだけれど、ぼくには辛すぎる。行きつけの屋台の兄ちゃん・ヤオヴィは、それを覚えてくれていて、いつも抜いてくれる。下の写真は、初めて会った人たちとの食事の様子。向こうでは、食卓を囲むとすぐに仲良しになれる。

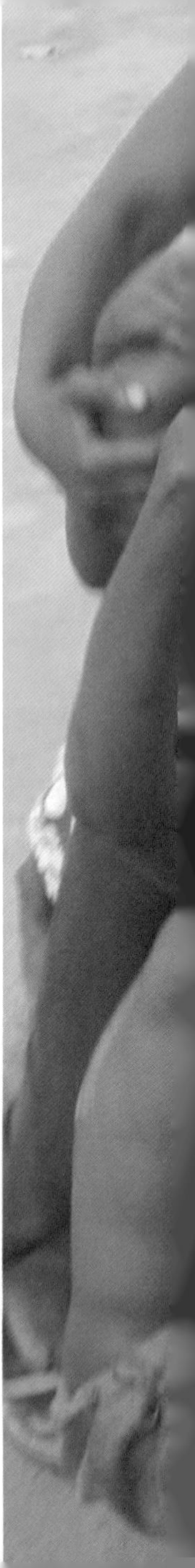

▶休みの日に、広場で。近所の子どもたちにもみくちゃにされている。当時はまだ、現地ではスマホが一般的ではなかったので、みんな写真を撮ってもらいたいと集まってきた。

▶アクメづくりの様子。ダマにならないように、熱々のまま混ぜ続ける。かなりの重労働だ。

▶毎週日曜は、鮮やかなアフリカ布のシャツを着て教会に行く。子どもたちは退屈なので、みんなで集まってしゃべっていた。

▶行きつけのバーの常連客たちとの一コマ。みんな朝まで歌って踊って飲み明かす。

▶ご近所さんの結婚式に招待してもらった。みんなぼくのカメラを見て、笑顔をくれている。

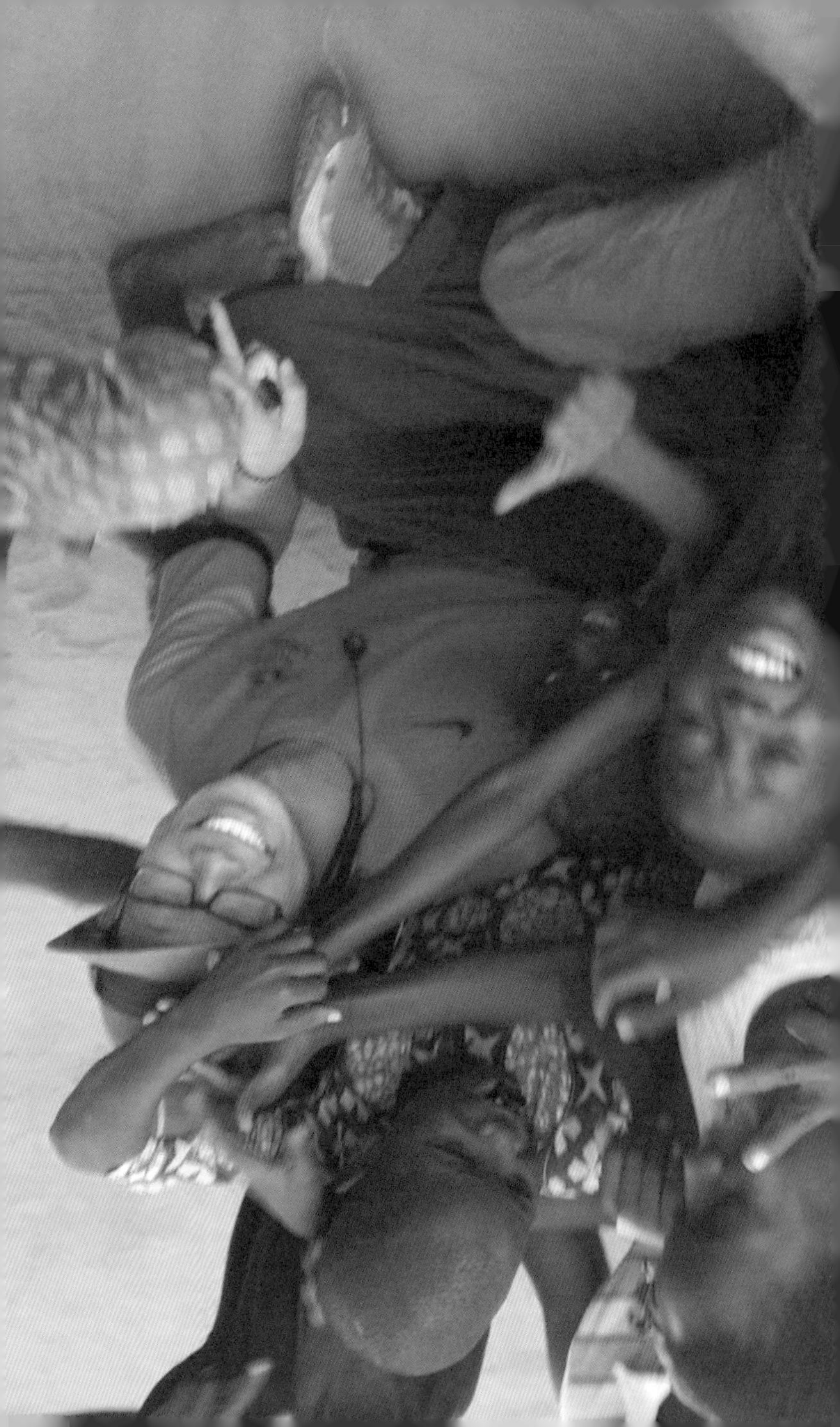

◀トーゴから去る直前に、ギニア湾沿いの浜辺に連れてきてくれたマックス。ここで遊んだ日本人はぼくぐらいだろう。貴重な体験をしていると思ったし、いまでもそう思う。ことばも文化もまったく違うぼくたちだけど、綺麗だと思う、楽しいと感じることは一緒だ。

第二章

人との出会いだけが
ぼくを前進させる

第一節

汚れた手と綺麗なスーツ

金融機関への就職と勉強の日々

アフリカでの経験が語るのは「大切なのは言語スキルよりも、いかに地域の人たちと関係を築いていくか」ということだった。ローカルを突き詰めれば普遍的なところに到達できる、グローバルはローカルの延長にある、そんな確信があった。

トーゴへ行くまでは、ぼくも大手企業に勤めたいという憧れもあったが、帰国すると気持ちが大きく変わっていた。自分が想像もしなかったことが世界には溢れていて、まだまだ面白いことがあると直感的に感じていた。そしてそれはローカルなところで起こるのであって、企業の大きさとか知名度ではないと思うようになった。周りの人たちにもその話を何度もしたが、多くの人にはわかってもらえなかった。

いかに時価総額の大きな企業へ就職するかを至上命題としていた人たちには、ぼくの考えは理解されなかった。

ぼくは今度こそ就職活動を始めることにして、「地域の人たちの関係性をベースに仕事をしていける会社」に入りたいと考えた。ぼくは京都で生まれ育ったから自分のローカルである京都で働きたいと思った。そして選んだのは金融機関、そのなかでも、銀行ではなくて信用金庫に応募することを決めた。信用金庫は協同組織と呼ばれる形態を採用している。それは地域で集めたお金を、地域に循環させて、地域の発展を支える仕組みだ。営業できるエリアが限定されているから、その地域にしっかりお金が循環しないと、信用金庫で働く人たちも繁栄できない。一緒になって地域を盛り上げていけるというのが最も惹かれたポイントだった。

ぼくにとっては、地域と密接に関わっていきたいという点で、アフリカでの経験と信金とにつながりがあったのだが、面接では「アフリカに行ったのに、なぜ信用金庫に?」と不思議がられた。実はそのときぼくは、いつかアフリカに帰ることを決めていた。「五年後に辞めようと思います」。そんなとんでもないことを面接で言ったぼくを、第一志望としていた京都信用金庫は採用してくれた。

入社してからぼくは日常業務だけでなく、資格の取得にも精を出した。会社でも資格を取得することが奨励されており、片っ端から受験することにした。仕事終わりに職場近くにある喫茶店で勉強して帰るのが日課になった。銀行業務検定試験というのがあって、法務や財務、税務、その周辺種目を一通り取るのと同時に、汎用性の高い簿記検定とＦＰ技能検定の勉強も開始した。それぞれ二級以上になってくると、一朝一夕では通用しない壁があらわれる。もともと行き当たりばったりでフィーリングを大切にしてきたぼくにとっては、かなり大変な時間ではあった。

周りの人たちからは「勉強より大切なことがある」とアドバイスを受けることも多かったが、もちろんぼくは勉強のための勉強をしていたわけではなかった。勉強より大切なことのために勉強していた。知識だけでは仕事はできないとは思う。しかし、そのうえに体験が重なると、それは血となり肉となることをぼくは学生時代に学んでいたのだ。勉強するモチベーションを支えていたのは、かつてアフリカで交わした約束だったし、いつか帰るときまでに成長していなければならないという焦りにも似た感情であったりした。いま勉強していることが、直接、役に立つかどうかはわからない。しかしこの複雑化する社会において、いつなにが、どんな形で役に立つかわからない。とにもかくにも、ぼくが見据えていたのは、単なる資格の取得ではなくて、取得した先にある、いまよりも可能性が広がっている景色だった。

入社して一年半くらいで、ある程度の資格試験をクリアした。そこで次は、税理士の科目試験に挑戦することにした。仕事でも財務諸表に触れる機会が増えていて、事務作業でこなしていくのではなくて、もっと中身を知りたいと思うようになった。本部に財務諸表を送れば、数字をインプットしたものが返ってきて、競合他社と比べて業績がどうであるかはわかる。でももっと、自分の頭で判断できるようにならなければ、地域社会の繁栄を支える信金マンとしては不十分な気がした。そんなことから、すこしでも専門的な知識を身に付けておく必要があると思ったのだ。

これまで独学で試験に挑戦していたが、今回の税理士の科目試験の問題はまるで理解できなかった。税理士試験のためだけに専念している人さえいる難しい試験だ。

そこで、学校へ行くことにした。休日返上で学校にこもって講義を聴いて、電卓を叩き続けた。講義後は復習をして、いつもどおり仕事終わりにも喫茶店で勉強した。しかし成績は驚くほど伸びなかった。いま振り返ると、その原因は勉強に取り組む姿勢にあったと思う。気合いと根性で机に向かってきたが、仕事に全力で取り組んだあとだと、すぐに強烈な睡魔が襲ってきて、集中できているのはわずかな時間しかなかった。また長期間に及ぶ試験対策の日程を前に、コンスタントに勉強し続けるのも難しかった。平日に寝てしまって遅れつつある学習内容を取り戻そうと、土日にまとめて勉強することも往々にしてあったが、そこで費やされるエネルギーは想像を超えていた。ぼくは勉強をやったりやらなかったりを繰り返して、ヌルっと一年の対策期間が過ぎ、散々な結果で終わったのだった。

先生に相談しに行くと、働きながら勉強を続けるハードルの高さを説かれた。そしてどのようにして乗り越えていくかを話し合ったが、勉強の進め方についてはほとんどなにも言われなかった。その代わりに、学校内で友だちをつくるようにアドバイスを受けた。なぜ勉強の成績とは関係のない友だちをつくることが、合格の近道になり得るのか、ぼくにはその意味がわからなかった。

試験対策のリスタートをきってすぐに、学校内で飲み会が催された。そういう感じの集まりはこれまで避けていたのだが、先生に半ば無理やりに連れられて参加することになった。そこでたまたま同じテーブルになった人も、ぼくと同じような感じで参加していて、「こういうの苦手なんですよね」という話で意気投合した。これまでの勉強の進捗具合とかを話したりもしたが、それ以外にも人生の話とか、これからの話とかをして、飲み会の二時間半が終わる頃には次の店を予約していた。そうして、ぼくは学校で初めての友だちができた。

それからの学校は、ツラくもあったが楽しくもあった。講義の休憩時間に自販機でジュースを買って、学び仲間と一休みしながら、理解を深めるために問題を出し合ったり、よりよい勉強方法をシェアしたりした。休日には自習室で、お互いが机に向かっている姿に刺激を受けていた。ぼくは毎日、勉強した時間を手帳にメモしていて、試験当日までに積み上げた勉強時間は、累計で一四〇〇時間を超えていた。そしてその年、ぼくは税理士試験の必修科目である簿記論と財務諸表論にダブルで合格することができたのであった。

困難な状況を突破していくのに必要なのは、仲間をつくることだ。その壁が高ければ高いほど、一人で乗り越えるには限界がある。一人より二人、二人より三人。みんなとなら遠いところへ行ける。ぼくは資格を取得しただけでなく、のちに人生を賭けて挑戦するにあたっての心構えみたいなものを、そのとき獲得したのである。

救世主は支店長

人生には、頑張ってもうまくいかないタイミングがある。そして頑張りたくても頑張れないこともある。いまよりも面白い世界のために、仕事もプライベートも、ぼくなりに精を出してやってきた。しかし会社では周りの人たちとどこか歯車があわなくて、その状態でアクセルを全開にしていたから、心身ともにガタがきていた。そしてぼくは、ノックダウンされた。

朝起きるのが、とてもツラくなった。パンを食べていたら勝手に嗚咽が出てきて、どんどん食べる量が少なくなっていった。高いビルなんかへ行くと、気づいたら手すりに手をかけていたり、駅のホームで体が線路に吸い込まれそうになった。

こういう状態になってしまっている自分がイヤになった。周りに言われて心療内科へ行ったが、医者からは、まるで幼稚園児に話すように対応された。そういうふうに扱われるたびに、ぼくの存在は幼稚園児レベルなのかと自尊心が傷ついた。「よくわからない薬」を処方され、帰り道にぼくは決まってその薬をゴミ箱に投げ捨てた。頑張ることが阿呆らしくなった。最初はうまくいかないことに怒りの感情もあったが、もはやその感情すらも湧かないくらいに、世の中にも、自分自身にも、なにも思わなくなっていた。どこにも居場所がないように感じられて、ぼくのやる気スイッチは完全にオフになった。こういうときの対処法をぼくは持ち合わせていなかった。

そんなときに別の支店へ転勤になった。もちろん、やる気なんてない。もう辞めようとしていたから、仕方がない。誰を信じていいかわからなくなっていたし、信じたいとも思えなかった。あまり波風を立たせずに、何事もなく今日が終わってくれたらいい。そんな気持ちで、その支店での初出勤日を迎えた。

だいぶ早く着いてしまったから、近くのコンビニでコーヒーを飲みながらゆっくりしようとしていたら、ものすごい勢いでゴミ拾いをしている人を発見した。近所の人に元気よく挨拶をしながら、ゴミ拾いしたあとは手をドロドロにして雑草を抜いていた。その人こそ、転勤先の支店長だった。その支店長は、店の周りだけでなく隣の商店やアパート、向かい側の道路まで、きれいに掃除するのを日課にしていて、それは近所でも評判になっていた。

支店に入ってすぐに、ロッカー室に案内してもらった。そこには、ぼくの名前のシールが貼られたロッカーがあった。支店のフロアへ行くと、ぼくの名前のシールが貼られたデスクがあった。転勤先に自分の名前のシールが貼られていたものがあっただけだ。でもぼくは、なぜかそれが震えるほど嬉しくて、カチカチになっていた心がどんどん解されていくような感覚を覚えた。

支店長は、ぼくのやる気スイッチがオフになっていることなんてお構いなしだ。「とにかく行くぞ」という勢いがすごくて、その日から二週間以上にわたって、ぼくは支店長と一緒にお客さんのもとを訪問し続けた。「なにか教えてやるとか、そんなんはでけへんけど、これまで見たことない景色は見せられる自信はある」と、支店長が運転する車の助手席に乗って、地域を回った。お客さんは、みんないい人たちだった。なにより、お客さんから発せられる「いつもありがとう」ということばの多さに、ぼくは驚いた。それはとてもシンプルなのだが、それこそがこの支店で積み重ねられてきた仕事であり、もっといえば仕事の原点なのかもしれないと、そんなことを思った。そして助手席に乗りながら、支店長からは人生や生き方の話を聞いた。仕事や勉強以外の、そんな話を聞くのは久しぶりで、その一言一言にぼくは励まされていった。

雨がザーザー降る日のこと、その日も支店長は雑草を抜いていた。カッパを着て、びちょびちょになりながら、誰からも見えないような場所をきれいにしていた。「雨が降ると、土がぬかるむやろ。そのときに草を引くのがいちばんええんや。晴れてる日にやっても根っこは残ってまうさかいな」と支店長は言った。「自然と対話することやでポイントは」と語るその背中を見て、ぼくのやる気スイッチはオンになった。支店長のその姿勢に触発されて、ノックアウト寸前だったぼくは、再びリングで立ち上がった。

その支店長が異動になるまでの半年間、仕事以上に、どうやって生きるかということを学んだし、ぼく自身の在り方を考え直した。ユーモラスでハートフルな上司にも恵まれて、ぼくは信金マンとして再スタートをきったのだった。

職人の技に触れて

その後、ぼくは営業担当として外回りをするようになっていた。営業マンとしての日々は、めちゃくちゃ過酷だった。スーパーカブという燃費のいいバイクで、雨の日もカッパを着て外に出る。京都は盆地だから、夏は死ぬほど暑く、冬は死ぬほど寒い。ぼくは法人担当の営業マンで、お客さんの悩みを聞き出して提案するのが仕事だった。新規開拓でお客さんの裾野を広げるのは大切だが、ぼくは苦手でなかなかうまくいかなかった。ルート営業では、毎月決められた日にお客さんを訪問する。当時は平成も終わろうとする頃で、いろんな事象がＡＩやＩｏＴに取って代わられようとしていたが、信金の営業マンのそのスタイルが変わらないのを不思議に思っていた。

しかしお客さんのもとに足を運んだり、営業の先輩と帯同訪問しているうちに、その理由がちょっとずつわかっていった。冬のとても寒い日だ。その日もいつものようにスーパーカブに乗って、何軒も何軒も新規開拓のため担当しているエリアの企業を回っていた。あまりの寒さで手の感覚がなくなっていたから、自販機でホットコーヒーを買って、一休みすることにした。缶コーヒーは大好きなスターバックスのコーヒーの四分の一くらいの値段だったが、めちゃくちゃおいしかった。缶を握りしめて手を温めながら、ぼくらの生活は数字だけでは語り切れないことを実感した。効率のいいやり方や合理的な方法はいくらでもある。でも説明できるものだけがすべてではない。いつの時代も、人の心が動く瞬間というのは、人が動いたときにしかやってこないのではないかと、そんなことを思った。

そしてぼくは、運命的な出会いをする。ぼくが担当させてもらっていたお客さんの一人で、職人歴四〇年以上の西田清さんの手仕事だ。西田さんの工場は有栖川のほとりにある。工場は二階建てで、一階のドアのガラスには屋号の「アート・ユニ」と無造作に描かれていて、お世辞にもかっこいいとは言えない佇まいであった。おまけに西田さんの格好は、膝部分にダメージがありすぎて、もはや太ももまで見えようかというボロボロのジーンズを履いているというような感じであった。

しかしその仕事を知るうちに、ぼくは衝撃を受けた。なんと西田さんの工場に、わざわざ海外から有名ブランドの担当者が足を運び、コレクション発表用のオーダーを出していた。モードの最高峰でも高い評価を受ける仕事が、そこにはあった。それほどまでの魅力は一体、どこからくるのか。その秘密を探った。

一般的に染色工場は大きく分けて二種類ある。着物などに使われる小幅の反物を染める工場と、洋服などに使われる広幅の反物を染める工場である。着物産業で栄えてきたそのエリアでは圧倒的に前者の工場のほうが多いが、西田さんの工場は後者であった。そのなかでも、すべて手作業で広幅の反物を染めることができる世界でも稀な工場であったのだ。その希少性の高い仕事を京都で培ってきたという歴史も、海外ブランドが注目する理由として挙げられた。

しかしそれよりも、西田さんの人柄というか、仕事に対する姿勢が、他を圧倒するものを生み出してきたのではないかと思った。工場の二階にあがると、まず目を引くのは高く積み上げられた反物たちである。聞くと、それはすべて失敗作だった。西田さんは、これまで膨大な数の失敗を経験してきていた。また、染料を仕入れる材料屋との関係を密にしていた。販売に至らなかった材料、つまり未だ世に出ていない材料を仕入れて、独自に染料を開発していたのだ。西田さんの最高レベルの仕事は、数えきれない失敗の組み合わせのうえにあった。これこそが、国内外のハイブランドのクリエイターたちをも魅了する仕事につながっていたと、ぼくは思う。

そんなことを知ったり、西田さんから仕事に対するアツい話を聞いているうちに、ぼくはすっかり職人技の虜になっていた。しかし生活様式の変容や時代の流れを受けて、職人業界は高齢化が進み、後継者不足に陥っていて、それは西田さんの工場でも他人事ではなかった。後継者不足の問題は、根底ではその商品が売れなくなっていったことと密接につながっている。安価な商品が流通し、みんながそれを購入していくようになって、市場が縮小していったことが一因だと思う。あと数年もすれば、この最高峰の技術も途絶えてしまうかもしれない。伝統や文化は淘汰されていくものだと思う。一方で、実際のその技に触れてみて、売れなくなったという経済的な理由だけで、なくなってしまっていいのか、そんな気持ちがぼくのなかで交錯していた。

ぼくがすべきことはなにか、なにが出来るのか。そんなことを考える日々が続いた。そして改めて工場に足を運んで仕事を見ていると、その手仕事が、かつて見たアフリカの民族たちの手仕事と景色が被って見えた。アフリカの貧困の課題と、京都の職人たちが抱える課題を、お互いにパートナーシップを築くことによって解決できないか、あるいは、良いところを活かし合いながらいまより面白い展開に持ち込めないか。そんなアイディアを思いついたのは、そのときだった。

西田さんから確定申告書を預かったとき、その数字を見て、ぼくは愕然とした。世界のハイブランドからのオファーが絶えないはずの職人とは思えないほど、業況は厳しかった。より深く話を聞くと、メーターあたりの加工賃が数百円という価格で請け負っていた。京都の悪しき商習慣もあって、その加工賃を上げることはできず、一方で染料の価格は値上がりしていたから、利益を出していけるような構造になっていなかった。

ぼくは西田さんが請け負っているその加工賃を聞いて、猛烈に悔しかった。お客さんに西田さんが生み出している価値が伝わっているように思えなかった。なによりその数字からは、モードを生み出していて、そこにしかできない技術を持つ西田さんがリスペクトされているように見えなかった。ハイブランドの仕事は納期が厳しいうえに、シーズンやコレクションが終わればどんどん作品は中古市場に流れていく。この流れにあって、価値あるものとはなんなのか。

それがなにかはいまでもわからない。でも少なくとも、西田さんのその汚れた手はとても美しく価値あるものだということは確信できた。一方で、パリっと綺麗なスーツに身をつつんでいたぼくは、どうだったか。預金をしてもらい、融資をするだけが仕事ではない。本当の意味で西田さんの仕事に光をあてるためには、もっと入り込まなければならない。がむしゃらにやろうと思ったときに、綺麗なスーツが汚れないよう気にしながら、前に進めるのだろうか。

▲染色工場。高く積み上げられた反物を前にする職人の西田さん。

第二節

会社を辞めてでもぼくがやらなければいけないこと

ぼくにできること

まずは、アフリカと京都をつないだものづくりの可能性を考えてみた。大きな枠組みとして、ボランティアや支援ではなく、商い（ビジネスと形容するよりも商いと表現したほうが、どこか温かみがある）にできるかを模索した。というのも、ぼくが通っていた滋賀大学は近江商人が建てた大学で、入学当初から近江商人のスピリットを耳にタコができるほど聞かされていたのだ。それは「三方よし」といわれるもので、「売り手よし、買い手よし、世間よし」をモットーに商いをすべしという教えであった。これまで学んできたことを活かすときだと思った。

大学のゼミのときに使っていた経営戦略についての本を取り出して、アフリカと京都をフィールドに事業を興すなら、どういうものにしようかと机に向かい続けた。4P分析だとか、SWOT分析だとかいう、戦略を考えるうえでのフレームワークがあることはわかった。また、曲がりなりにも金融機関で働いてきたから、エビデンスを取りながら計画を立てていきたい気持ちは山々だったのだが、合理的に考えれば考えるほど不安定な要素が多かったし、情報が不足していて「やめたほうがいい」という結論になった。でもそのような現実が、諦める理由にはならない。根拠はないが、なぜか自信はあった。ぼくが動き出せば、なにかが始まるはずだと思った。

どういう形になるかはわからなかったが、売るものは布っぽいものになるだろうと仮説を立てた。アフリカの各地域に鮮やかな布があるし、西田さんのところで扱っていたのも布だった。だから布を使ってなにか商品をつくっていくことを考えた。素人のぼくが考えられるのは服しかなかった。そして服をつくるとして、めざすのは最高峰のパリコレクションだと、なんとなくのゴールを定めた。それがどれくらい遠いのか、見当もつかなかった。

服に狙いが決まったから、次は経営戦略から一歩掘り下げて、ファッションやアパレルの書籍を読み漁った。業界の動向を調べたり、マーケティングやブランディングの手法を学んだりした。しかし、どこまで調べても手応えがなかった。というよりも、手触り感がなくて、まさに「机上の空論」となっていた。ただそれなりに知識はついて、アパレル業界はかなり厳しい状況にあることや、あらゆるネット通販の手法が解禁されて数えきれないブランドが乱立していること、大量生産・大量消費のビジネスモデルが終焉を迎えつつあり、適正な価格での購買活動が求められるが、実質賃金が低下し、衣料品にかける金額が低下していることを知った。要約すれば、「なにも知らないド素人がアパレル業界に飛び込むのは無謀すぎる」ということが、よくわかった。

どう考えてもダメだということは頭ではわかる。でもぼくはやるべきだと思ったことを、やらずにはいられない人間だ。やらなければ、後悔が残る。これまでの人生を振り返ったときに、やったことで後悔したことはない。一方で、やらなかったことで後悔したことはたくさんあった。やれるだけのことをやって、それでもダメなら仕方がない、そう言えるところまで挑戦したいと思った。

そんなときに、たまたま服づくりをしている人に出会った。思い切って頼み込んで、修業させてもらえることになった。仕事をしながらだったので、土日を中心に、何ヵ月か打ち合わせをしながら、服についてのイロハを教えてもらうことができた。当時ぼくはアフリカの布と京都の技術を組み合わせて形にしようと思っていたのだが、あまりにぼくの物覚えが悪くて、このペースでは一〇年くらい修業しなければならないと告げられた。そして「それぞれに役割分担がある。服をつくれる人はいっぱいおる。あんたにしかでけへんことに集中したほうがええと思うで」と諭された。ぼくにしかできないことなんて、果たしてあるのだろうか。こんなぼくに、なにができるのか。挑戦することは決めていたが、さっそく、暗闇に迷い込んでしまった。

退職を決意して

アフリカと京都をテーマにものづくりをする。布にフォーカスして動き出しながら、マーケティングやブランディングの本を読み漁ったが、まったくといっていいほど事態は進展しなかった。というのも、未知のことが多すぎて事業を組み立てる判断ができなかったのだ。本来なら、ある程度、精度の高い事業計画を策定し、試験的に販売したりして、自分なりの根拠を得てから本格的にスタートさせるのがセオリーだ。しかし仕事終わりや休日を使っても、事業は前に進まなかった。

もっと腰を据えてぶつかっていく必要性を感じていたとき、独立・起業する職員を応援する新たな人事制度ができた。「京信アントレ・サポート制度」は、起業を目的に退職する職員について、五年以内であれば、また職員として復帰できる制度だった。そして会社の人事制度にも背中を押してもらう形で、ぼくは退職を決意した。

退職の決意をしたものの、ほとんどやることを決めていなかったので、上司にどう報告すればいいかわからなかった。そこでまずは、年のちかい先輩に相談をした。ぼくが当時お世話になっていた支店の営業担当の先輩はみんな、会社でその名を知らない人はいないほどの精鋭で、しかも営業部隊の平均年齢は驚異の二〇代という、まさに飛ぶ鳥を落とす勢いの人たちばかりだった。そしてこんなぼくの無謀ともいえる挑戦に対して「やっちゃえ」と背中を押してくれる人たちばかりだった。もっというえば、「そんなことより飲みに行こう」と、いまその瞬間をいい時間にしてくれるハートフルな人たちばかりだった。

もちろん仕事は大変だったが、そんな先輩と過ごす日々、とくにアフターファイブは楽しかった。夜な夜な仕事の話や恋の話、夢物語をビール片手に語り合うのは、ドラマチックですらあった。明日の活力を先輩からもらいながら、地域を走り回り、勢いあまって過ちを犯してしまって、お客さんに謝りに行くような毎日だったが、とても充実していた。仕事だけの関係であったら、あれほど頑張れなかったと思う。ぼくは、本当にラッキーな後輩だった。

また、ぼくがおぼろげながらも考えていることについて、先輩たちは惜しみなく知恵を絞ってくれた。それはスタートアップのイベントだったり、面白いものづくりの挑戦をしている会社の情報だったり、市場動向からプロダクトの落とし込みを考えたアイディアだったりした。そうして上司に聞かれそうなことについての対策を練りながら(毎晩のように飲みに行って終電を逃しながら)、自分なりにブラッシュアップしていった。

そして報告の日を迎えた。ぼくの直属の上司は、仕事に厳しく、人には優しい人だった。いまになって思うと、優しくあるためには厳しくなければならないということだったのかもしれない。覚悟を決めて退職して起業する旨を報告しに行ったとき、とにかく気持ちをぶつけることを優先してしまったので、自分でもなにを言っているのかわからなくなっていたのだが、上司に聞かれたのは、事業の内容もさることながら、そのことを家族には伝えているのか、まずもってどれくらい生きていけるのかといったことだった。最大限、ぼくの気持ちを汲み取ってもらい、退職せずとも、休日のあいだに確かめられることの多さや、いったん、休職して手応えを得てからでも遅くはないというような具体的なアドバイスももらった。そして次に、まったく体を成していない事業計画書を見せるように言われたのだった。

仕事終わり、京都の四条あたりにあるカフェで、ぼくの事業計画書を見てもらった。結論からいえば、もちろん融資取組するには程遠く、「案件にもあがってこない（融資するかどうかの稟議書を支店長に出すことができない）」ような内容で、一蹴されてしまった。再提出を求められるも、それから数ヵ月間、ぼくは一向に進展させることができなかった。やはり頭のなかだけで考えられることには限界がある。体を動かしながらでないと、頭は動かないのだと思った。このままでは埒が明かないと悟り、意を決して、支店長に話をすることにした。

なにをやらかしてもおかしくないぼくに対して、支店長は冷静だった。むしろ、すこしテンションが上がっているようにさえ見えた。じっくり時間を取ってもらい、そのなかでもやはり、家族やぼく自身の生活について心配をかけることになってしまった。ただ、支店長の口癖はなぜか「Just now, Have a good time!」で、面談の最後には「ジャストナウ、ハブアグッタイムやで」と声をかけてもらった。いま、この瞬間、いい時間を過ごしていく。そんなマインドをこれからも大切にしたいと思っている。

大きく動き出した人生

そうしてなにかを決断すると、人生は一気に動き出す。ちょうどそのタイミングで、子どもを授かっていることがわかった。先輩と毎晩のように飲みに行っていて、そのときに出会ったのが妻だった。その日のその時間、たまたま同じ場所にいて、普通なら出会うことのなかった人で、運命といってもよかった(もしかしたら世間一般では、それをナンパというかもしれない)。

彼女は奇跡的にも、ぼくの挑戦を認めてくれた。退職してアフリカで起業することを伝えるとき、ぼくはどうやって説得しようかと考えていた。しかしどれだけ考えても、取ってつけたような言い訳しか思いつかなかった。そのままストレートに話すと、「めっちゃかっこいいやーん」といつもの調子で返ってきた。それ以上はなにも言われなくて、同じテンションのまま、ミッフィーのお店にいつ行くかを聞かれて拍子抜けしたのであった。子どもを授かっていることがわかったときは、驚きもあったし、将来の不安もあった。でも家族ができるのはことばにできないほど嬉しかった。当時、彼女とは大阪と京都で離れていたことや仕事の関係もあって、月に一度しか会えなかった。こんなタイミングにもかかわらず、ぼくと一緒になってくれる人が現れたことは、奇跡としか言いようがなかった。

そうはいっても、まずは彼女の両親の承諾が必要だ。そこに関しては、正直なところ自信はなかった。金融機関に勤めている人に娘をやるか、金融機関を退職してアフリカで起業しようとしている人に娘をやるか。結果は火を見るより明らかなことに思えた。

彼女の両親のもとへ伺うと、「大事なことだから」と家族総出で待ってもらっていた。どこから話していいかわからなかったが、とにかくすべての気持ちを伝えた。

そのときのことはほとんど覚えていない。すこし沈黙があって、お義父さんは「ビジョンは大きくもつように」と声をかけてくれた。お義父さんも独立した経験があったみたいで、これまた奇跡的に、ぼくの気持ちをこれ以上ないくらいに理解してくれた。その懐の大きさに、しばらく体が震えて動けなかった。

二〇一八年七月、たくさんの人に心配をかけながら、ぼくは退職した。退職を報告してからの日々で「思う存分、暴れてこい」と激励してくれる人がいた。「アカンかったらいつでも戻ってこい」と支店や部署、世代を超えて応援してくれる人がいた。退職に必要な最後の書類を会社に提出しに行ったときには、「わしらは家族やさかい」と送り出してくれる人がいた。ぼくが勤めた会社は、まさに信用金庫の名にふさわしい、人間くさい関係性に溢れていた。そんな場所で仕事ができたぼくは、幸せ者だった。

他力本願

退職してすぐに、これからどうしようかと迷走し始めた。いったん、事業計画を書いてみたはいいが、どこから動けばいいかわからなかった。机に向かっていても、なにも進展はない。こういうときは、誰かに会って他力本願で前に進むしかないと思い、外に飛び出した。なにもスタートしていない段階で行き詰まるというのは前代未聞な気がするが、そんなことも含めて相談に乗ってくれる人が、たまたまぼくの周りにはいた。

四条烏丸という、京都の中心地ともいえる場所に一風変わったスペースがある。「学び場とびら」だ。あえて例えるならコワーキングスペースにちかいが、そうではない。起業家や農家、主婦やシングルマザーなど、たくさんの人たちが集まっている。そんな場所を企画した税理士の中田さんに相談すれば、なにかヒントがつかめるかもしれないと思った。中田さんとは、大学の先輩に紹介してもらって、信用金庫に勤めているときに知り合った。税理士であるのに、ほとんど税理士として動いていないような人だ。もともと弁当屋で配達のアルバイトをしていたが、一念発起して税理士になったという。世の中にとって価値あるものを生み出していくために、アフリカ地域やアジア地域を回って、地球全体で持続可能な取り組みを始めようとしていた。その時点で見たことがない税理士だったたし、ぼくみたいな意味のわからないことを言うやつにも寛容な心で受け止めてくれそうだと思った。

「学び場とびら」にお邪魔したとき、六人くらいの人たちが輪になってパーティーをしていた。そこで、ぼくはこれからどうしていくのがいいか、ウジウジしながら状況を説明した。すると、その場に居合わせた人たちが、ああでもないこうでもないと、いろんなアイディアを出してくれた。そして出た結論は「アフリカに行かな始まらへん」ということだった。計画では一年後くらいの訪問を考えていたが、その場にいた全員からアフリカ行きを勧められたので、すぐフライトのチケットを取り、大使館でビザの申請をして出国準備に入ることになった。

出国までの間に、事業プランをもう一度、練り直そうと思った。退職してから、たくさんの人と会うようになり、当初考えていた計画がことごとく不十分だったことに気づかされた。目的こそ変わらなかったが、また新たな戦略を練っていく必要に迫られていた。

事業がうまく進展するような計画を立てていかなければならなかったが、残念ながらぼくにそんな才能はなかった。だから仲間探しをしようと考えていたのだが、タイミングよく遼介から連絡がきた。遼介とは大学を卒業してからは、たまに飲みに行く程度の仲だった。学生のときは将来の夢みたいなことを勢いよく語ったりもしたが、社会人になって酸いも甘いも経験すると、そんな勢いもどこかへいってしまったりもする。ぼくもそうだったのだけれど、勢いで会社から飛び出してしまってからは、学生時代のアツい感覚も徐々に思い出していた。

久々に遼介と飲みに行くことになって、京都駅の裏の居酒屋に入った。お酒がすすむと、学生時代のいろいろなことを思い出して、話に花が咲く。話しているうちに、遼介に助けてもらったことを思い出した。卒業論文を執筆していたときの話だ。ぼくは遼介にスターバックスの端っこの席で二時間くらい構成や目次案などを指導してもらった。遼介のアドバイスは、客観的に物事を捉えたもので、一緒に考えてもらった構成をもとに論文を書き進めて、優秀論文として表彰を受けたのであった。

そんな経験を思い出したりして、いま必要な事業の組み立てについて、遼介の力があれば前に進めるような気がした。多少お酒の勢いも借りて、ぼくの無謀な事業に誘うことにした。

遼介は、まさかの二つ返事で承諾してくれた。久しぶりに再会して突然誘ったものだから、そんな前向きな返事がすぐに返ってくるとは思っていなかった。あまりに短いやり取りで決まってしまって、しかもかなりお酒が入っていたこともあり、ドラマみたいに感動的な雰囲気ではなかったけれど、そんな時間がぼくたちらしかった。

遼介は大学を卒業してから不動産関係の会社で働いていて、かなり忙しくしていたが、仕事が休みの日にコミットしてもらうことになった。大きな方向性とか、やりたいことはぼくが決めて、遼介に達成のための戦略を練ってもらうことにした。ぼくはこれまでも、やりたいこと自体は思いつくが、それをどうやって実現させていくか考えるのが苦手だった。遼介はぼくの苦手なところを補ってくれるだけでなく、建設的な問いを立ててくれることも多かったから、これ以上ない相棒だった。こうして一人で始めた挑戦は、ぼくたち二人の挑戦となった。

Column

二人の挑戦になるまでに

Writer
井上遼介

学生時代、トシハルさんと特別に仲が良かったかと言われると、実はそうでもない。アルバイト先のスターバックスの先輩・後輩というくらいの関係だ。当時から、東北へ行ったりアフリカへ行ったり、いろんなところへ足を運んでいるというのは聞いていた。トシハルさんも、ぼくが東北やフィリピンへ行っていたことは知っていたと思う。けれど、当時は好みの女性の話とか恋バナばかりしていて、互いに何を思って動いていたか、何を感じてどう生きていこうと思っているか、そんな真面目な話をしたことはあまりなかった気がする。社会人になってからも、年に何度かはご飯にいく仲ではあったが、会社のことや世間話をするくらいだった。

ぼくの母は京都信用金庫で働いている。母にはバイト先の先輩だったトシハルさんが母と同じ会社に勤めていることも伝えていなかったし、母の勤務先の支店も知らなかった。ところが二人は同じ支店に勤務していて、社員食堂でお昼を食べていたときに、息子の話になったようで、トシハルさんからみて同僚であった女性がぼくの母であることがわかったらしい。奇妙な偶然だけれど、そのことを母から聞いたときにもまだ、トシハルさんとぼくが一緒に会社をやっていくことになるとは思いもしていなかった。

SNSを見返すと、二人で一緒に会社をやっていくことになったのは二〇一八年七月一七日のことだ。ふとトシハルさんと飲みに行こうと思い、連絡をいれた。ものの一時間ほどで、返事がきた。お店はだいたい行き当たりばったりで決める。いつもは適当な安い居酒屋ばかりだが、そのときはなぜか空いてるお店がなかなか見つからず、京都駅の北側にある古民家を改装した小料理屋でご飯を食べることになった。トシハルさんからの誘いは、突然だったけれど、聞いていくうちに、ぼくがやりたかったことと根底は共通していることに気づいた。ぼくは学生時代にフィリピンのレイテ島を研究して、ローカルに関わることにも関心が強かったし、その土地に根ざしたものが新しいものによって淘汰されていくことにも懐疑的だった。トシハルさんの取り組みに、共感を覚えて、お酒の力も借りながら、事業に加わることに決めた。

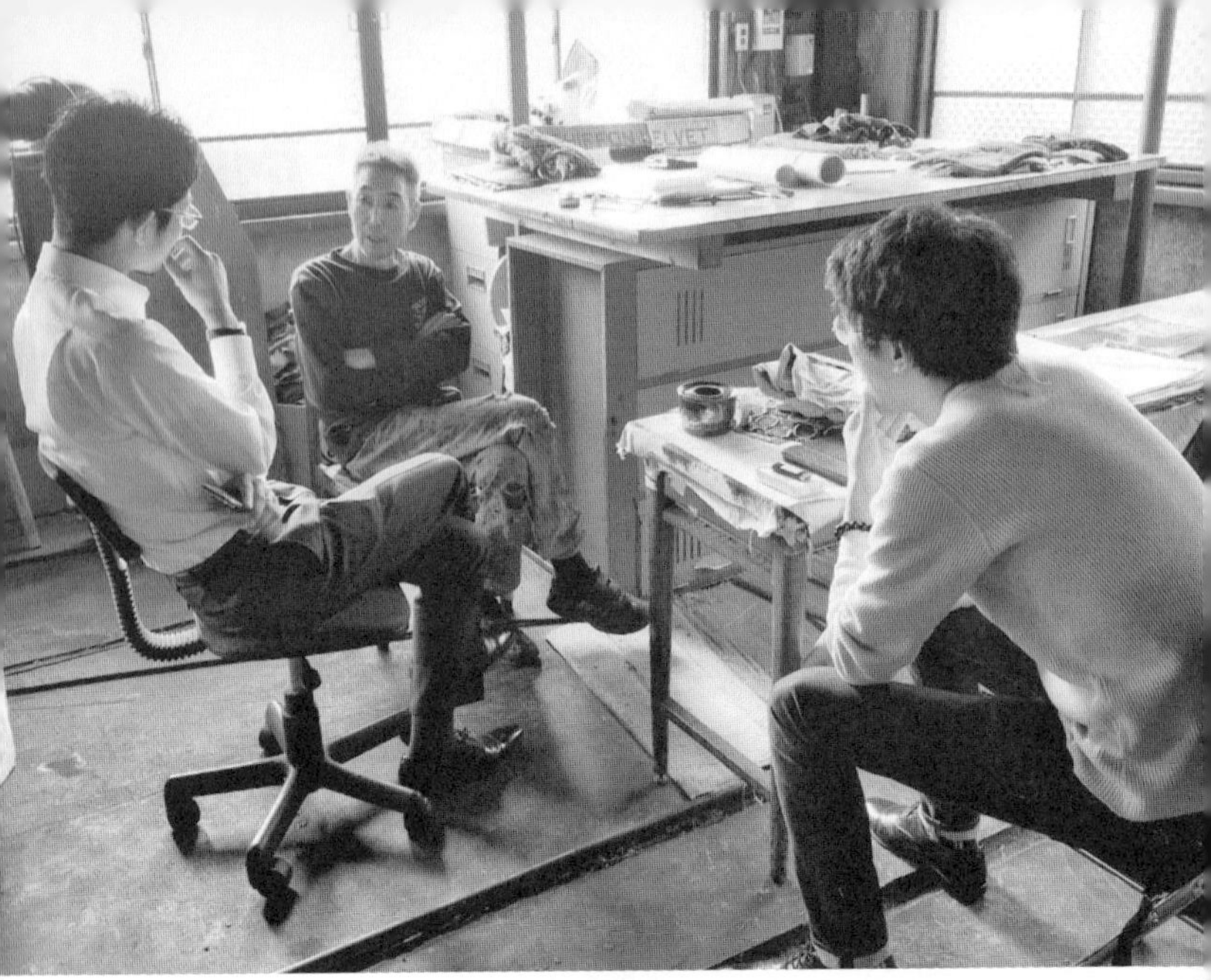

西田さんと遼介の3人で打ち合わせ。西田さんは、さらっと重要なことを口にするから、聞き逃さないように必死だ。
そのヒントをもとに、遼介と一緒にどんなものを生み出そうか考えると、いつもワクワクする。

第三章
ふたつの世界を紡ぐ

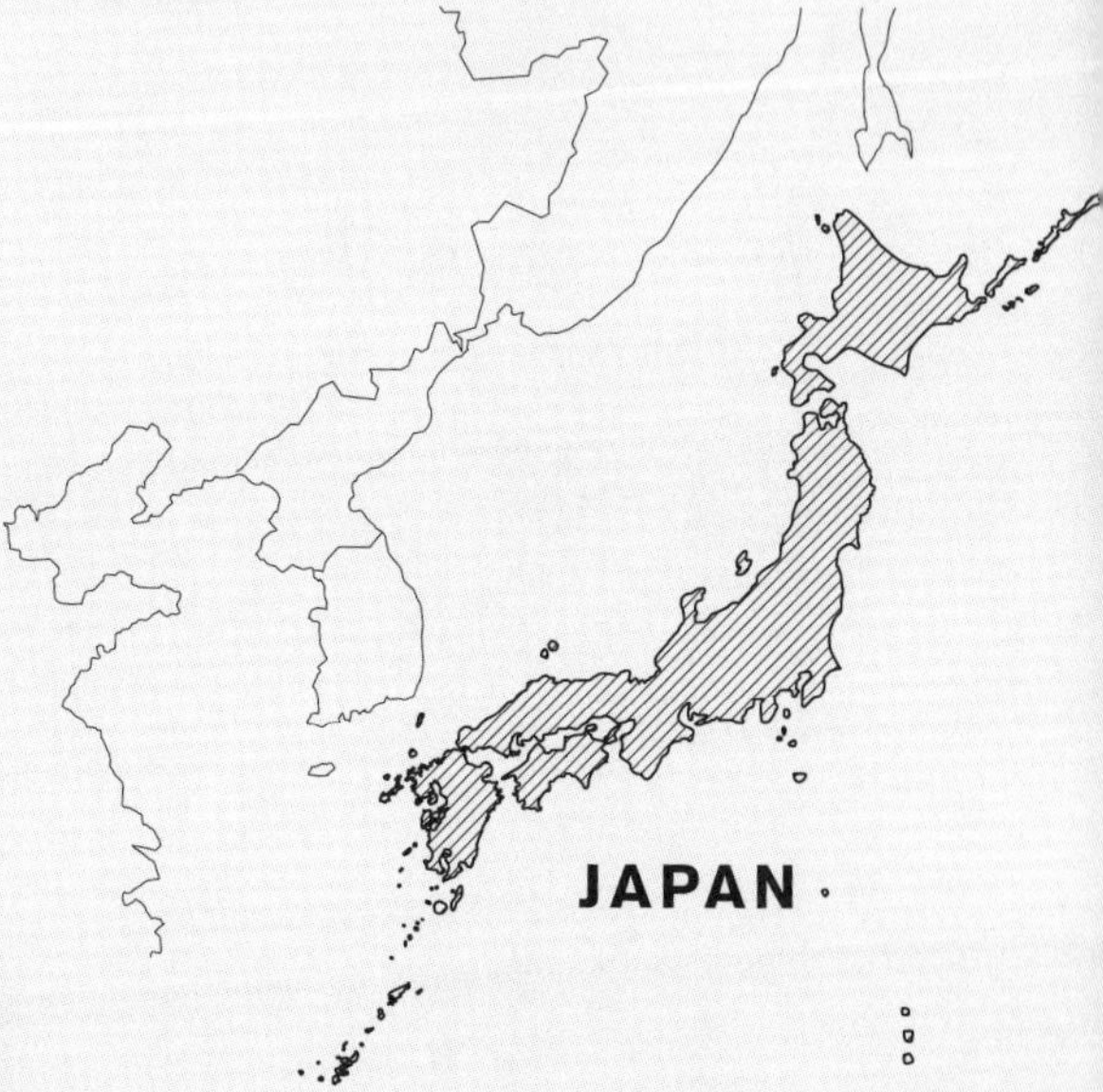

第一節　三年後の事業化をめざして

第二節　現地に会社を「建てる」

［Column］トーゴへ行こう

第三節　重ねあうこと

第一節

三年後の事業化をめざして

ビジネスコンペ合宿

遼介が事業に加わって最初に挑戦することになったのはビジネスコンペだった。そのビジネスコンペは「ソーシャルビジネスプランコンペｅｄｇｅ」と呼ばれ、社会的な課題の解決を図っていくためのビジネスプランを練る、社会起業家の登竜門といわれていた。書類選考（一次選考）のあとに二次選考を兼ねた一泊二日の合宿があり、三次選考のプレゼンテーションを経て、決勝の舞台でグランプリを決めるという、およそ半年間の選考スケジュールを採用していた。遼介に参加の是非を問い、またしても二つ返事で参加することになった。

事業内容を考えるのもさることながら、そもそもの方向性、めざすものがぼくと遼介のお互いにとっていいものでありたかった。ぼくたちはフィーリングは合っているような気はしていたが、それでもじっくりと話し合う時間は必要だと思った。そういう時間は取れそうで取れない。ビジネスコンペに挑戦することで、二人のめざすものをすり合わせるのも目的のひとつだった。

書類選考を通過したぼくたちは、二次選考を兼ねた合宿に参加した。合宿ではメンターと呼ばれる先輩経営者から質問を受けて、それに答えていく「壁打ち」をとおして、事業を磨いていく。ぼくが提出したビジネスプランは、ものの三分くらいで振り出しに戻って、ゼロベースで考えることになった。収支計画や財務諸表をきれいに書きあげるだけがビジネスプランではない。そんな当たり前のことに、いまさら気づいたのだった。

ぼくと遼介はいろんな話をした。人生を賭けて挑戦する価値のある事業にするために、見てみたい景色や、実現したい未来について、あとはすこし恋バナをして、お互いを理解しようと努めた。社会人になると、大切なことを見失いがちだ。時間に追われて、忙しなく毎日を過ごすことも珍しくない。ぼくらはみんな、同じ一日二四時間を生きている。その限られた時間をいかに充実させることができるかをもうすこし考えることができたなら、いまより人生は豊かになる気がした。

「ぼくたちは、どう生きていたいか」、そんなテーマで夜遅くまで話し合った。ぼくは、挑戦を恐れずに生きていたい。それはこれから生まれてくる自分の子どもに見せたい背中でもあった。それなりに失敗してきたこともあるし、恥ずかしいこともたくさんしてきた。でもこれからは、ダサくても一生懸命に頑張っている背中を、子どもに見てもらいたいと思った。その瞬間のベストを尽くしながら事業を進めていこうと心に決めた。そんな気持ちだけで、決勝までコマを進めることができた。

クラウドファンディングへの挑戦

ビジコンと並行して、ぼくたちはクラウドファンディングに挑戦することにした。アフリカと京都をつながないでものづくりをすることに決め、ビジコンを通じて事業計画は固まっていったが、それを実行する予算がなかった。そして、これから挑戦していくことはどう考えても自分たちだけでは達成できないし、逆にいえば、仲間を集めることができなければたどり着けないくらい大きなものだった。だからこの時点で、仲間が集まるプロジェクトかどうかを見極めることも必要だった。資金調達という意味だけでなく、仲間集めのために、クラウドファンディングへの挑戦をすることにした。

挑戦すると決めたはいいが、およそ一ヵ月にわたるファンディングは、かなりキツかった。目の前にはなにもない。ただ、金融機関を退職して、アフリカで起業するという気持ちだけのプロジェクトだった。プロジェクトページの公開ボタンをクリックするとき、指が震えた。恐れることはなにもないのだけれど、もし誰からも反応がなかったらどうしようとか、そもそも挑戦することが求められていないのではないかという、恐怖にちかい不安が襲ってきた。しかし公開して三分後ぐらいに、福島の映像制作のときにお世話になった先生から電話が鳴った。

「あんた、なにしてんの?」

先生から連絡がくることはこれまでほとんどなかった。だから、電話をくれるということ自体が、最上級の応援だと感じた。それから何年かぶりの先生との会話を楽しみ、ぼくの挑戦は幕を開けた。スタートダッシュこそ成功したものの、それからは伸びが鈍化した。それを受けて、ありとあらゆるところに顔を出し、これからぼくがやろうとしていること、なぜ挑戦しようとしているのか、これをすることによってどんな世界を見ることができるのか、そんなことをできる限り多くの人に届けていくことにした。

滋賀大学では、卒業生たちが地域ごとに卒業生の支部をつくっていて、ぼくは京都支部に所属していた。クラウドファンディングに挑戦することをＳＮＳで報告したところ、同窓会の二次会でプレゼンテーションする時間をくれることになった。二〇〇人以上が参加する同窓会に出席し、そこに出席していた先輩たちに頭を下げて回った。「かわいい後輩のためやから、入れさせてもらうわ」とアツいことばをもらい、期待を背負って身が引き締まる思いだった。他にも起業家交流会などにも積極的に参加して回った。「アフリカまでは行けへんけど、私の気持ちも乗っけてもらおうかな」と、協力してくれる人たちがいて、感無量だった。

話をするたびに、いろんな出会いがあって、その出会いのたびに、いろんな人生の話をした。それは、数字だけではつながらない気持ちと気持ちの連鎖、想いと想いがつながる瞬間でもあって、驚くほど多くの人に、この無謀な挑戦を後押ししてもらった。

一〇〇万円を目標金額に設定したこのプロジェクトは、多くの人たちの温かい支援によって奇跡的に達成し、いろんな人の気持ちを乗せて一歩を踏み出すことができた。クラウドファンディングに挑戦してから、それまでとは桁違いの人たちが事業を見守ってくれることになった。

人生初の借り入れ

クラウドファンディングで一〇〇万円の資金が集まって、アフリカ現地の調査などに充てる予算は確保できたのだが、日本で事業を組み立てていくにあたっての運転資金は驚くほど足りなかった。三年後を目途に事業化するためには、だいたい一〇〇〇万円ちかく必要となると予想した。そんな大金はどこにもない。しかしここまできたからには、やらなければならない。ぼくは人生で初めて借り入れをする決断をした。

真っ先に相談したのは前職の京都信用金庫だった。もちろん、かつて働いていたからといって審査基準に優遇なんてない。アフリカを舞台に起業する二〇代に融資できるかを審査する地域金融機関は、世界的にも稀かもしれない。そんな珍しいケースで、しかもこちらは辞めた側であるのに、かつての上司たちはめちゃくちゃ親身に相談に乗ってくれた。事業計画を詰めていて、今後の見通しの不透明さに担当者はひいていたが、これ以上ないくらい動いてくれた。

そして『ここから、はじまる』という創業者向けの融資で七〇〇万円の限度額を設定してもらうことに成功した。この融資は、期間限定で毎月の返済がなく利息の支払いだけでよいという、事業に集中できる設定だった。ぼくたちはベンチャー中のベンチャーで、しかも一三〇〇〇キロ離れたアフリカのトーゴ共和国と日本を舞台にする難しい事業だ。それは金融機関からすれば、リスクがありすぎる案件だったと思う。働いているときは目の前のことにいっぱいいっぱいで気づかなかったが、お客さんの立場になると、金融機関は本当にありがたい存在なのだということを身をもって知ることができた。そうして、融資の契約書に自分の名前を書く日を迎えた。すこし手が震えた。幾度となくお客さんから預かっていた書類であったが、お金を借りるというのはこれほど重いことだったのかと思った。

出国ギリギリに、七〇〇万円の限度額から一五〇〇万円を融資してもらい、クラウドファンディングで集めた一〇〇万円とあわせて二五〇〇万円を調達した。

「ドッグス」とともに

ぼくたちがめざそうとしている世界は到底、一人ではたどり着くことができない。だから会社をつくって、いろんな人たちを集めて前に進もうとした。会社は「AFURIKA DOGS」と命名した。「AFURIKA」のスペルはあえて変えた。トーゴの人たちはフランス語を公用語としているので、英語表記だと発音しづらい。けれど、ローマ字をそのまま発音することは容易い。それに、自信をもってユニークな活動をしていると言えるようにしたかったから固有のスペルになった。「DOGS」はアフリカの一部の地域で「仲間」とか「友だち」を意味する俗語だ。ぼくがこれまで前職の金融機関で築いてきたお客さんとの関係や、同僚の営業マンたちとの絆は、人間くさくて、すこし泥くさくもあった。そんなイメージがドッグスというニュアンスにちかくて、ぼくがこれからつくっていく会社も、そんな豊かな関係性で溢れていてほしいという気持ちを込めた。

将来、ぼくの仲間になってくれる人は絶対にいい人に決まっているから、たとえば会社のレクリエーションでキャンプへ行って、チルアウトな音楽をＢＧＭに、ビールを飲んだりして、どういう人生が楽しいだろうかとか語り合い、みんなからちょっとうざいと思われながらも、いろんな人の挑戦を後押しできるような会社がいいと思っている。そんないろんな挑戦が、社会の在り方をよくしていけたりとか、その人の人生のなかで、かけがえのない体験につながっていくなら申し分ない。

会社としてやらないといけないことはたくさんあるが、とくにチームビルディングを大切にしていきたい。いいチームなら商品のクオリティを上げられるだけでなく、ぼくが事業をとおして見たいと思っている景色まで連れて行ってくれると思う。しかもその景色は一人で見るよりもはるかに綺麗だとも思う。どこまで行けるかわからないけれど、行けるところまで行く。そう決意して記念すべき一期目がスタートした。

AFURIKA DOGS

いまのトーゴを肌で感じるために

出国の間際まで、遼介と打ち合わせを重ねた。事業プランを遂行していくためにはどういう情報を持って帰らなければならないのかを考えていたとき、遼介がある資料を送ってくれた。大学院生時代にフィールドワークで学んだ七ケ条だという。

「調査心得七ケ条」

一　臨地調査においてはすべての経験が第一義的に意味をもっている。体験は生でしか味わえない。そこに喜び、快感がなければならない。

二　臨地調査において問われているのは関係である。調査するものも調査されていると思え。どういう関係をとりうるか、どういう関係が成立するかに調査研究なるものの依って立っている基盤が露わになる(される)。

三　臨地調査において必要なのは、現場の臨機応変の知恵であり、判断である。不測の事態を歓迎せよ。マニュアルや決められたスケジュールは応々にして邪魔になる。

四　臨地調査において重要なのは「発見」である。また、「直感」である。新たな「発見」

によって、また体験から直感的に得られた視点こそ大切にせよ。

五　臨地調査における経験を可能な限り伝達可能なメディア(言葉、スケッチ、写真、ビデオ…)によって記録せよ。如何なる言語で如何なる視点で体験を記述するかが方法の問題となる。どんな調査も表現されて意味を持つ。どんな不出来なものであれその表現は一個の作品である。

六　臨地調査において目指すのは、ディテイールに世界の構造を見ることである。表面的な現象の意味するものを深く掘り下げよ。

七　臨地調査で得られたものを世界に投げ返す。この実践があって、臨地調査は、その根拠を獲得することができる。

どれもこれも心に響くものばかりで、ぼくの気持ちは高ぶった。遼介からはさらに、現地では毎日レポートを書くように(後輩のくせに)指導を受けた。向こうで見たもの、感じたものを報告して、日本にいる遼介から指示をもらうことになった。

妻は入籍して早々にアフリカに発つぼくを咎めたりはしなかった。お腹には子どもがいて、激怒したり悲しみにくれたりしてもおかしくない。しかし、妻はぼくの挑戦を一緒にワクワクしてくれて、これから広がっていく景色を楽しみにしてくれた。出国間際になると、妻は急に泣き出したりして、情緒不安定になることもあった。ぼくはそんな妻を見て、申し訳ないと思うのと同時に、一緒にいると嬉しくて、離れているのは寂しいという「当たり前」のことに気づかされた。そんな「当たり前」の日々を、ぼくと過ごしてくれていることに、感謝の気持ちでいっぱいになった。

自分の肌で感じること以上に有益な情報はない。現場で五感を研ぎ澄ませることの大切さを、ぼくはこれまでの人生で幾度となく体験してきた。周りの人たちにもらった餞別をバックパックに詰めて、旅立った。学生のときに初めてトーゴへ行き、友だちと約束を交わしてから、六年が経っていた。その間、自分なりに考えて、精いっぱい生きてきた。地域の人たちといい関係を築いていくことについて、信用金庫で働きながら考え続けてきた。

それがこれからどのように活きてくるのかはわからない。でも努力は報われるか、力になるかのどちらかだと、なにかのコラムで読んだ。この六年間で詰め込んできたものを総動員して、みんなが笑って過ごせる世界をつくる。トーゴ・ロメ空港への着陸態勢に入る機内のなかで、一人静かにアツい気持ちになっていた。

「約束を果たしにきた」。そう、マックスに伝えたかった。
仲間たちに会いたかった。
果たして彼らは、ぼくのことを覚えてくれているだろうか。

GO
TO

勉強よりも大切なことがあるからこそ叩き続けた電卓、
寒い冬の日に駆けずり回って飲んだ缶コーヒー、
価値とはなにか自問自答させてくれた西田さんの汚れた手、
「あんたにしかでけへんことがある」という一言、
ぼくの仕事をかっこいいと微笑んでくれた妻、

そのすべてがぼくに、前に進めと言っていた。

TO GO

第二節

現地に会社を「建てる」

大きく変化したトーゴ・首都ロメ

今回の目的は情報収集だ。事業を始めるときには、まずは計画が必要だが、計画を立てられるだけの情報がなかった。なにしろ前回トーゴに行ってから6年が経過している。

6年ぶりに足を踏み入れたトーゴ共和国は、大きく変わっていた。空港もすごくきれいになっていた[*01]が、外に出るともっと驚くほど変化していた。急激に都市化していて、路地に入ったところですら、舗装されていた。

友だちのエッジが迎えに来てくれていて、久々の再会に10分くらいハグをして、よくわからない雄たけびをあげて祝福した。彼は大学を首席で卒業したあと銀行員になり、並行してNGOのサポートをしていたが、この6月に起業したらしい。トーゴから色鮮やかな布を仕入れ、ベナンで販売しているほか、時計やバッグなどのファッション小物、タブレット端末などの販売に加えて、モバイルマネー業や保険業、警備業な

*01 初めて訪れたときは、空港の入国審査でかなり手間取ってしまった。緊張と不安で、コミュニケーションがうまくできなかったことを覚えている。一方で今回は、驚くほどスムーズに入国することができた。これはトーゴが大きく変わったからなのか、ぼくが入国カードも書いて宿泊先もメモして、ちゃんと説明できたからなのかはわからない。

ど多彩な新規事業を立ち上げていた。さまざまな商品は中国の「ＷｅＣｈａｔ」というアプリで仕入れているらしい。いつか、中国現地で買い付けたいと「チャイナドリーム」を描いていた。

エッジのビジネスはいい感じに軌道に乗っているらしく、車を手に入れていた。トヨタ[*02]に乗って、そのまま彼の両親の家に転がり込んだ。エベスィスィをかけたご飯に焼きチーズをトッピングしたものをつくってもらった。懐かしい味に脳ミソがジーンとなった。

それから生活環境を整えるべく、持っていたユーロを現地通貨に両替し、ポケットＷｉ-Ｆｉを調達することにした。エッジに案内してもらい、道端の商店で交渉してもらった。価格は交渉で大きく変動するわけではないのだが、最初に言われる「定価」が現地人相手と外国人相手では異なる。人によっては「ボッタクリ」という人もいるが、ぼくはそうは思っていない。お互いの関係のなかで適正な価格を提示されているのだと思っている。このときは、なるべく安く調達したほうがいいだろうとエッジが気合いを入れて交渉してくれた。

首都のロメには、たくさんの中国人が進出していて、彼らが運営するお店や施設がたくさんあった。中華料理屋やバイクの中古車販売店から、果ては病院まで建てられていた。マ

*02 6年前は、車はTOYOTAかNISSANが多かったが、このときはTATAやHYUNDAIの車がとても多くなっていた。どうやらTATAはインドのメーカーで、「世界一安い」車を販売しているらしい。

ルシェに並ぶ商品や、行き交うバイクは、ほとんど中国製に代替されていた。現地を代表する鮮やかなインクジェットプリントのアフリカ布は、結構な割合で中国でつくられるようになっていた。若者たちは有名ブランドのロゴが入ったTシャツや靴を身に着けていて、しかしよく見ると、そのロゴが微妙に違っていたりした。漢字の道路表記や看板、落ちているゴミ袋も中国のものだったりして、その存在感は圧倒的だった。ロメの経済市場は、中国を中心にして渦巻いているように見受けられた。

　ロメに2日ほど滞在して、いろんなところを見に行ったが、「ここならでは」のものが薄れてしまっているように感じられた。大量の古着が流入して、若者でアフリカ布で仕立てたシャツなどを着用している人たちはほとんどいなくなっている。女性もドレスアップしていて、赤ちゃんの抱っこ紐もアフリカ布でなくなっていたりした*03。そんな変化を目の当たりにしたり、久々のアフリカでの生活で気持ちがまだ慣れていなくて、ぼくはナーバスになっていた。確かにロメは活気があって、ビジネスチャンスに溢れている。イケイケどんどんの空気があって、おそらく日本の電化製品とかバイクとか車を卸せば、それなりの仕事になりそうな感覚もある。しかしそれで世界は

*03 アフリカ布は、日常のあらゆるシーンで登場するようなものだった。赤ちゃんの抱っこ紐もそうだし、布団みたいにして使う布も、もちろん服もだ。それがすべて、工業製品の中古みたいなものに代替されてしまっているようだった。

変わるのか。社会的に底辺に身を置かざるを得ない人たちが関わることなく、トリクルダウン(豊かな人たちがさらに豊かになることで、貧しい人たちにもその富が滴り落ちていくという仮説)的にお金を循環させるということが、本当に求められていることなのか、そのまえに、ぼくがやりたかったのはそんなことだったのか。気分の浮き沈みが激しくて、精神的にキツい状態に追い込まれていた。ただ、ここでの生活レポートを遼介に送っていると、気持ちが整理された。自分の書いた文章を客観的に読み直すと「せっかくここまできて、なにをグチグチ言うてんねん」という気持ちにもなってきた。

調査には情報がたくさん集まるロメがいちばんだと思っていたが、あまりの変化にトーゴのことが見えなくなってしまった。だから、やり方を変えてみようと思った。エッジのお父さんに時間をもらって、いろいろ相談すると、トーゴの伝統的なものはパリメ、ノチェ、アタパメ、ソコデ[*04]というまちに残っているという情報を聞き取ることができた。しかし「最近は北へ行けば行くほど治安が悪く、手段を選ばないひったくりなども多くて、外国人がそこへ行くのは危ない。とくにソコデへ行くまでの道は、生きて帰れるかわからない」と忠告を受けた。エッジのお父さんは、トーゴで仕事をするなら、

*04 ソコデは商業とお笑いのカルチャーが根付いているらしい。この情報はソコデ出身大阪在住のトーゴ人から教えてもらったことなので、たぶん間違いない。ついでに教えてもらったのだが、ソコデではコトコリ語を話すようで、「めっちゃおいしい」は「ブジョニーニ パー」と言う（ちなみにエウェ族のことばだと「エジョジナム」）。

まずロメでビジネスの基盤をつくってから内陸へ進出するほうがいい[*05]のではないかというアドバイスをくれた。確かにそれが現実的かもしれない。

ただ、自分の目でもっとトーゴの可能性を見たいと思った。ゴールを見据えることさえできれば、ぼくは走れる。これから訪れる困難は、一人の力だけでは乗り越えられないかもしれないけれど、周りの人たちのサポートがあれば、なんとかなる気がする。いまはここでできるだけ多くの情報をもって帰りたい。ぼくはロメを離れ、大きく変わっていくトーゴにあって、変わらないものを探すことにした。

ざっくりと、それぞれのまちで1週間ずつくらい滞在する予定を立てた。位置関係を確認すると、ロメから乗り合いタクシーで3時間ほど北上したところにパリメというまちがある。そこからガタガタ道を2時間くらい東へ行けばノチェ、北東へ行けばアタパメがある。そしてアタパメから4時間くらい北上したところにソコデがあった。ぼくは他のまちへも比較的アクセスしやすいまち、パリメへ向かうことを決めた。そこは奇しくも、学生時代にお世話になったまちであり、かつて約束を交わした地でもあった。

*05 ロメは海に面していて、港がある。この港は水深があり大型貨物船が入港できることから、西アフリカ物流のハブ港として位置付けられている。

6年ぶりのパリメ

ぼくは宿泊予約サイトでパリメに滞在する宿を探した。1泊1,000円ちょっとのところを見つけて、そこを拠点に調査に入ることにした。エッジにタクシーが行き交うポイントまで連れて行ってもらい、パリメ行きのタクシーを拾った。片道400円程度、2時間半ほどギュウギュウ詰めの車内で下半身の感覚がなくなり始めた頃、パリメに到着した。たまたま見つけた宿は「Agbeviade（アグベビアード）」というところで、スタッフも部屋も申し分なく、超快適な時間を提供してくれた。おかげで、いろいろ感じていたストレスや不安な気持ちが和らいで、とてもリラックスできた*06。

昼過ぎに到着して日が沈むまでまだ時間があったから、パリメのまちを見て回ることにした。宿から出てすぐの道でバイクタクシーを拾った。運転手に「6年ぶりにパリメに帰ってきたので、すこし案内してほしい」と依頼すると、彼は自信満々にバイクを走らせてくれた。たまたま出会ったバイクタクシーの運転手は、名前をリシャといって、20年以上もパリメを見守ってきた人物だった。

バイクを走らせながら、リシャは道ゆく人たちにクラクショ

*06 ホテルでのぼくのリラックスアイテムは、マルシェで買ったフルーツだ。現地のフルーツのトシハルランキングは、3位・パイナップル、2位・バオバブ、1位・コロソルだ。コロソルは、オレンジとパイナップルとヨーグルトを混ぜたような味で、舌触りはドリアンみたいな感じだ。

ンを鳴らしたり、手を挙げて挨拶したりしていた。その様子から、この土地の人たちといい関係を築いているということがよくわかった。「まずはオレの好きな場所へ行く」と勢いよくギアをあげた。山道を登っていくと、まちを見下ろせる場所に連れて行ってくれた。「人生いろいろあるけど、ここに来るとなんとかなる気がする」とリシャは遠くを見つめた。2人で景色を見ながら話していると、ことばの節々から真摯な姿勢が伝わってきて、ここでのパートナーとして一緒に前に進みたいと思った。例のごとく、お酒の力を借りて彼を口説くことにした。

バーに向かってもらって、「AWOOYO（アウォーヨ）*07」という100円くらいの地ビールをオーダーした。それから、なぜぼくがここに戻ってきたのか、これからなにをやろうとしているのか、それがどれだけ果てしないことなのか、そしてそんな挑戦をするからにはいいチームをつくらなければならないこととか、そんなことを話した。久しぶりのトーゴで、ことばの勉強もほとんどしていなかったのに、なぜか身振り手振りで単語を並べることができて、それなりに気持ちを伝えることができた。たぶんそれは、彼がぼくの目を見て、真剣に話を聞いてくれたからで、ぼくのコミュニケーション能

*07 アウォーヨは、現地では珍しい黒ビールだ。苦くて濃い大人の味がする。ビジネスマンとして帰ってきて、リシャとは大人の話をしようと思って、迷うことなくアウォーヨを頼んだ。ちなみに、ぼくもリシャもクセのある苦さはあまり好きじゃなくて、コーラで割って飲んだ。

力があがったわけではなかったということを、あとになって知った。リシャはうまく理解できなかったところは話をとめて確認してくれたり、共通理解ができるところは相づちを打ちながら、ぼくの話を吟味してくれた。そしてぼくたちは固い握手を交わした。

リシャがやっているバイクタクシー[*08]の運転手という仕事は結構、厳しい。肉体労働だし、とくに認可があるわけでもないので、競合する相手も多い。日本みたいにひとつの仕事を安定的に継続できるわけでもないので、パリメではいくつかの仕事を掛け持ちしている人が多かった。ひとつの仕事に依存しないリスクヘッジなのだと思う。リシャが事業に加わってくれたのは、単純に彼が優しいということでもあったし、こうした働き方の理由があったからかもしれない。いくつかの仕事を掛け持ちして暮らすというのは、むしろ自然なことなのかもしれないとぼくは思った。

さっそく新たな仲間ができて幸先いいスタートをきることができた。次に、かつての友だちのもとを巡ることにした。あのときお世話になったラジオ局へ行くと、ディレクターのポールと会うことができた。お互いにかなり興奮してしまって、なにをしゃべっていたかは覚えていない。ことばを交わさな

*08 バイクタクシーは、短距離での利用が多い。乗り合いタクシーはロメからパリメに行くときなど、長距離を移動するときに使う。基本的な移動手段はみんな、どちらかを利用する。車は持っていない人が多く、電車も走っていない。バスはあるのだが、整理券が必要だったり乗車時間が決められているのが面倒なのか、あまり使わない。

くても、感情は伝わる。あれからずいぶんとスタッフが入れ替わってしまったみたいで、ぼくが知っているのはポールと受付のお姉ちゃんだけだったが、ラジオ局でいま働いている人たちを紹介してくれた。ポールは「トシはほんまにクレイジーで、朝のミーティングで『コマネチ』っていう日本のギャグを教えてくれたりして、それはもうヤバかったんやで」というようなことをいろんな人に言いふらしていて、よくそんなこと覚えてるなあとハグをした。

それからトーゴの家族*09のもとへ向かった。隣の家の住人、アニータとアニータのママに呼び止められた。久々の再会に、こちらでもめちゃくちゃハグをされた。「帰ってくるの遅いねん」とか「いままでなにしてたん」とか強めの口調で言われながらも熱いハグとビズ(頬への軽いキスのはずだが、ぼくには思いっきりのキス)の嵐を受けた。家族のもとへ行くと、いまはママが1人で暮らしていた。ママは目がすこし悪くなっていたが、ぼくの顔を見るや否や、甲高い雄たけびをあげて走ってきてくれた。いろんなことを話したかったのだが、ぼくがなにか言おうとするたびに、そんなことよりここに泊まっていけと200回ぐらい言われて、熱烈な歓迎をしてくれた。

*09 病気のときお世話になったアメリは、大学生になって首都のロメに住んでいるようだった。前回の滞在時、ぼくはみんなに5円玉をプレゼントしていた。穴の空いた硬貨を珍しがってくれたのと、「ご縁があるように」という想いからだ。ママから聞いたのだが、アメリはぼくのあげた5円玉をロメに持って行ってくれたらしい。

マックスとの約束

それから翌日にはお世話になったNGO・ASTOVOTにも足を運んだ。すると、懐かしのリーダー、アベルがいた。「ほんまに戻ってきたなんて」と、握手とハグを50回くらい繰り返した。ほとんどの外国人は、トーゴへ来るのは一度きりで、もう一度来ることは滅多にないらしい。「トシみたいなクレイジーをずっと待ってた」と褒められているのかバカにされているのかわからないことも言われた。ぼくはすっかりテンションがあがってしまって、ほかのみんながいまどこでなにをしているのかをアベルに聞いてみた。しかし、友だちの半分はすでに亡くなっていた。病死がほとんどであったが、なかには暴行を受けた末に命を落とした友だちもいた。ぼくが遠い未来をみて過ごしていたあいだに、ちかい存在の人たちが次々と亡くなっていた。

ぼくが６年前に約束を交わしたマックスも亡くなっていた。３年前のクリスマス、酒に酔った男性たちから集団リンチを受けた。パリメ地域にはキリスト教徒も多く、クリスマスは１年のなかでも最も大きなイベントで、服を仕立てたり、靴を新調したり、髪の毛をきれいにしたりする。そんな日に、マックスもまちで繰り広げられるクリスマスパーティーに参列していたという。そのとき、彼はボランティア活動のなかで知り合ったダウン症の友だちと一緒にいて、パーティー会場にいたのを見たという証言を聞いた。

彼と一緒にいたときにはいつも、お腹を抱えて笑った。朝まで歌って飲んで、騒いでいた仲間だった。陽気で面白いやつで、ボランティア活動にも精を出してさまざまな組織に寄付なども積極的にしていたから、多くの人にとって彼は希望だった。しかし、そんな彼の姿勢は反感を買うこともあった。分け隔てなく、障害があろうがなかろうが態度を変えないその姿勢は、一部の宗教観には馴染まないものだった。呪術を扱う人たちにとって、障害のある人は、悪魔が乗り移っていて呪いをかけられている対象と見られていたのだ。

クリスマスのようなハレの日に、彼のおこないは、一部の過激派の逆鱗に触れた。かなりのアルコールを摂取した暴徒を周りの人たちも止めることはできず、そのときにマックスは、リンチに遭い命を落とした。それは地元紙にも掲載されるような事件ではあったが、それからの防止策などには言及されず、何事もなかったかのように今日まで至っているという。そして人々のなかでも、その件については口にしない暗黙の了解みたいな雰囲気があった。アベルはぼくから目をそらしながら、誰にも聞こえないような小さな声で、そのときのエピソードを語った。意気揚々と戻ってきた自分に猛烈に腹が立って、涙が出た。それらしい理由を並べ、いい気になって、自分は頑張っていると錯覚していた。友だちさえも守れない、笑顔にできない、もうどうすることもできない状況を突きつけられて、ぼくは膝から崩れ落ちて泣いた。

変わらないもの

しばらく放心状態になっていると、バイクに乗ったおじさんに声をかけられて、涙と鼻水とよだれでぐちゃぐちゃになったぼくの顔をガソリンくさいタオルで拭いてくれた。よく見ると、彼はかつての友だち・セナだった。ぼくが痙攣を起こして倒れたときに助けてくれたり、現地語であるエウェ語をつきっきりで教えてくれたり、夜な夜なアフリカバーへ行って、「ソーダビ」という蒸留酒をあおっていた飲み友だちでもあった。当時、ぼくと同じ学生だった彼は、教育支援のＮＧＯ職員になっていた。

家に招待してもらい、ビサップジュース(ハイビスカスの葉を乾燥させたものを煮詰めて砂糖を加えた飲み物)を飲みながら彼は「トシはクレイジーやから、また帰ってくると思っていた」と言って、封筒をぼくに渡してくれた。そのなかにはシワシワの札束が入っていた。彼は6年間ずっと、お金を貯めていた。そのお金は日本円にして4万円に満たない金額だったけれど、このお金をトーゴで貯金するのがどれだけ大変だったかを想像すると、その重さに手が震えた。「ここでの仕事に使え。途中、生活が厳しくてすこし使ってしまったけど」と彼は笑って、またぼくは泣いた。トーゴの人たちは「宵越しの金は残さない」というわけではないのだけれど、1日400円ぐらい稼いでそのまま使いきってしまう。いつもより稼げたらそのぶん豪勢なご飯を食べたりして、貯金にまわすということはあまりない。そのようななかで、学生だったぼくとの時間を胸に、待ってくれている人がいた。

変わっていくものと、変わらないもの。そのあいだを行ったり来たりして、いろんな感情が交差した。木陰で休むおばちゃんとの時間、近づいてくる子どもたち。鼻をつくガソリンのにおい、そこらじゅうで交わされる陽気な挨拶。ニワトリの鳴き声、みんなの笑い声。空は青く、高くて広い。こちらから現地語で挨拶すると、すぐ友だちになれる。

変わらない、変えたくない大切な景色が6年という時間を超えてもなお、そこにはあった。だからといって、特別なことはなにもない。ただ、そんなニュアンスのなかで生きるぼくは、誰とどこへ行きたかったのかと、地平線を眺めて思った。正解のない答えを求めていくなかに、人生の充実があると思う。もう会社も辞めてアフリカに来たのだから、自分のやれることを精いっぱいやるしかない。

会いたいときに会い、話したいときに話す。好きな人には好きだと伝える。楽しいときには笑って、悲しいときには泣く。シンプルなことだが、とても尊いことだ。そんなことを痛感しながら、ぼくはパリメでリスタートをきった。

マルシェで出会った「ケンテ」を求めて

気温は30度を超えるくらいで、京都の蒸し暑い気候と比べるとマシではあるが、赤道近くの日差しは危険なほどに強い。数十分もすれば、露出している肌が軽く火傷するほどである。そんななか、マルシェへ行って、並んでいるものを一つひとつチェックしていった。マルシェは人々の生活の中心地である。そこへ行けば、この地域に住む人たちの営みが見える。「ヨボが一人でマルシェを回るのは危ない[*10]」と、リシャが先導して案内してくれた。パリメは、激変したロメ市場と比べると、取り残されたのではないかと思うほどに変わっていなかった。マルシェに屋台があって、エベスィスィをかけたご飯を食べる人たちが集っていたり、主食のひとつであるヤムイモが尋常じゃないほどに並ぶ「ヤムイモストリート」があったり、威勢よく勧誘してくるお肉屋さんの兄ちゃんがいたりと懐かしい光景を見ることができた。

懐かしい光景のなかで、未知のものに出会ったように、強く惹きつけられるものがあった。それはアフリカ布だった。もちろん、6年前に訪れたときにもぼくはそれを目にしていた。当たり前にそこにあったものだが、当時のぼくは恥ずかしながら「お土産」くらいにしか見ていなかった。けれど、アフリカを去り、大学を卒業して、信用金庫で西田さんの手仕事に触れて、アフリカ布と真剣に向き合うことができた。

お店では、大量の布が店頭に並んでいた。色づかいが鮮やかな布が天井高くまで平積みにされたり、吊り下げられたりしていて、見るものを圧倒する。よくよく見ると、性質や風

*10「Yowo（ヨボ：黄色人を含めて白人を意味することば）」を見ると、子どもたちは決まって歌いだす。「Yowo, Yowo, Bon soir, ça va bien, merci!」このフレーズをエンドレスリピートする。

合いの違うものが何種類かある。その店のオーナーであるアニーに、並んでいるアフリカ布について、いくつか質問してみた。そこからわかってきたことがある。

パリメ地域に流通するアフリカ布は大きく分けて3種類ある。「パーニュ（腰に巻いて着用する布を表すフランス語）」と呼ばれる鮮やかなインクジェットプリントのもの、「バティック」と呼ばれる染物、そして「ケンテ」と呼ばれる織物だ。

パーニュには2種類あって、ワックスプリントとファンシープリントがある。ワックスプリントは後述するバティックを模倣して開発された工業製品である。ファンシーはワックスをさらに模倣して開発されたもので、片面しか染められていないものが多く、アフリカ布のなかでは最安の1枚400円程度で販売されている[*11]。それらの主要な生産国はオランダや中国であり、ワックスプリントのなかでは、発祥国とされるオランダの「Vlisco（フリスコ）社」のものが高級品とされている。加えて「Woodin（ウディン）」というブランドが流行している印象を受けた。

バティックは、インドの更紗(さらさ)を起源として、1600年代にオランダ東インド会社との交易のなかでヨーロッパ諸国を経由し、西アフリカ地域に持ち込まれたと言われている。

*11 アフリカ布の1枚の大きさは、120センチ×170センチがスタンダードだ。1枚あれば、スカートやシャツを仕立てることができる。ワンピースは2枚ぐらい必要だ。

その後、西アフリカ地域で独自の発展をしてきたものだ。価格はパーニュよりもすこし高くて600円程度で販売されている。

ケンテについては、1670年ごろ、アシャンティ王国(いまのガーナのあたり)の王侯貴族たちへの献上物として、エウェ族がつくっていたものだという。そしてそれは、西アフリカ地域の最高級品であるということも教えてもらった。

ぼくはバティックとケンテを買い付けることにした。パーニュは、確かにアフリカらしいものの、そのサプライチェーンのなかで最も恩恵を受けるのは生産国で、トーゴ以外の国になってしまう。できるだけ現地の人たちが携わったものをとおして、社会的なインパクトをもたらす方法を考えたかった。アニーと交渉して、バティックを80枚、ケンテを20枚ほど買い付けた。会社として初めての買い付けだった。なんだかワクワクして、また一歩、前に進めたような気がした。このとき、まだなにをつくるかは考えていなかったものの、まずは流通しているさまざまな色や柄の布を調達してくるというのがミッションのひとつだったから、遼介に朗報ができた。

買い付けたバティックの半分はシャツやスカート、ワンピースにしようと仕立て屋へ向かった。仕立て屋はそこらじゅうにあって、トーゴではマルシェなどで布を購入しオーダーメイドの服をつくってもらうことは生活の一部といってもいい。男性がメンズを仕立て、女性がレディースを仕立てる。パリメでいちばん腕がいいと評判のエマニュエルの店へ行った。シャツは1着300円程度でやってくれる。8着をオーダーして、その日を含めて6日で完成する。リシャの奥さんがレディースの仕立て屋をしているとのことで、依頼しに行った。スカートは1着400円程度、ワンピースは1着600円程度でつくってもらうことになった。スカートを4着、ワンピースを1着の計5着。その日を含めて7日で完成する。

バティックやケンテを眺めているうちに、それがどこからきたのかを知りたくなった。聞いてみると、バティックの製造現場は「CENTRE ARTISANAL（サントル アーティザナル）[*12]」という職人組合みたいなところが中心になっていることがわかった。そしてケンテはパリメの各地域につくり手が点在しているという。どちらもリシャに心あたりがあるようだったので連れて行ってもらうことにした。

ケンテの製造現場へは、パリメの中心部から10分ほどバイクで山道へ入ったところにあった。畑を抜けると、まさに探し求めていた光景が広がっていた。木の幹と枝だけで組み立てられた織り機で、カチャカチャという音をたてながら、一

*12 そこでは布だけでなく、オブジェやアクセサリーなど、それぞれの職人が創作活動をおこなっている。そんな場所はパリメだけではなく、各地域にある。ぼくはパリメのアーティザナルを訪れて、バティックづくりを体験させてもらった。スポンジを削って柄をつくりだし、ろうそくを溶かして、スタンプのように絵柄を布につけていく。ろうそくが乾いたあと、染料の入った釜に布を入れて、染色する。そのあと、ろうを湯で洗い流すと、ろう部分がきれいに抜かれて、柄の入ったバティックが完成する。

本一本を手で織るその布がケンテだった。これが西アフリカ地域の最高級品、かつては王族しか身に着けることが許されなかった格式高い代物なのかと、食い入るように職人の仕事を見た。そして見れば見るほど惹かれていった。

青空の下、経糸を20メートルくらい伸ばしている様子は圧巻だ。手のひらサイズの積み木のようなものをスピーディーに左右に振って糸を高速で編んでいる。デザインは親方が頭のなかで決めてしまうようで、「次は赤、次は緑」というふうに職人へ指示を出している。そして生産にあたる職人は、男性や女性、耳の聴こえない人など多様な人たちが集っていた。そんなふうな景色のなかでつくられている布に魅せられたぼくは、なんとかしてこの素材を調達し、京都の染めの技術と組み合わせられないかと考えた。

職人との対話のなかで、ケンテには2種類あることがわかった[*13]。それはピュアなコットンでつくられたものと、そうでないものだ。ピュアでないケンテは、わりと簡単に手に入る。アニーの店にもラインナップされていたが、その価格は、他のアフリカ布のおよそ4倍から5倍、1枚あたり2,500円程度だ。確かにかなりの高級品である。一方で、ピュアなケンテはマルシェでは手に入らない。そのへんの人たちが買える品では

*13 ケンテは、男性用のシャツに使われることが多いほか、カーテンやテーブルランナー（大きなテーブルの中央に敷かれる細長い布）、ソファーにかけたりして使われる。ケンテのインテリアは、トーゴの人たちにとって憧れだ。とはいえ一般の人たちにはなかなか買えないので、ケンテ柄のパーニュを用いることもある。

なく、王族や一部の役人、地主、欧米(主にフランス)の役人向けに生産されている。その価格は、他のアフリカ布のなんと20倍以上、ものによっては40倍の値が付く。1枚あたり1万円から2万円ほどだ。

ピュアなケンテが、なぜこれほどまでに高値で取引されるのか。ケンテ職人の親方に話を聞くと、材料となるピュアのコットンロールと、そうでないコットンロールを取り出してくれた。見た目は微妙に違うように見えるが、素人からするとほとんど違いがわからない。しかし、コットンロールの糸を引っ張ってみると、明確な違いがあった。ピュアなコットンロールは、すぐに切れる繊細な代物だ。逆にピュアでないものは硬く、その糸を引っ張ってもなかなか切れない。この強度の差は、ピュアなコットンロールは手でしか織れないことを意味する。マルシェに出回るケンテは、機械で織られていて、価格が高いだけあって良いものではあるが、糸が硬いため、肌に触れるとゴワついてしまう感覚があった。しかし手で織られたピュアなコットンのケンテは、風合い、肌触りともに文句なしの逸品であった[*14]。

既存のピュアコットンのケンテは、鮮やかな赤や黄、緑、紫などの色の糸を組み合わせてつくられる。「トーゴ×京都」

*14 こうしてつくられるケンテは間違いなく逸品なのだが、現地の人たち、とくに若い人にとっては、工業製品のほうが「クール」に映るようだ。どこの国でも伝統的な技術とその魅力を、次代に継承していくのは課題といえるかもしれない。

のものづくりを念頭に置いていたので、ケンテを白糸のみで織り、京都の職人に染めてもらえれば、面白いものになるかもしれないと思った。さっそく、そんなアイディアをケンテ職人の親方に話しに行ったところ、一蹴された。

「どこの誰かもわからんやつに納めるケンテはない」。

ピュアコットンのケンテは、京都でいうところの「一見さんお断り」だった。この地は日本人どころかアジア人さえいないエリアであり、初めて見るアジア人から製造を依頼された親方は、明らかに怪訝そうな顔をしていた。そこで、なぜぼくはここに来たのか、なにをしに来たか、どういう世界を思い描いているのか、このケンテがあればなにができるのか、ということを必死に訴えた。しかし親方は、一向に首を縦に振らなかった。

日本との電話

滞在中は、頻繁に家族と連絡を取った。雨が降ったりすると、すぐにネット環境[*15]は乱れてしまうものの、つながるときは生存報告を兼ねて、できるだけ電話するようにしていた。妻

*15 ホテルでインターネットを使っていると、急につながらなくなるときがあった。聞いてみると、施設などでもプリペイド式の従量課金でインターネットに接続しているため、チャージが切れてしまうのだという。ネットがつながらなくなったことをホテルの受付で報告すると、スタッフの人が、モバイルマネーをつかってチャージしてくれる。SIM カードは「TOGOCEL」か「MOOV」が一般的で、それぞれに対応した「T-MONEY」や「flooz」というモバイルマネーを購入する。ちなみに「Wi-Fi」は「ウィーフィー」と発音しなければ伝わらない。

が話すことは、たとえば京都の嵐山にあるミッフィーのパン屋に行きたいということや、これから生まれてくる娘のために無印で790円のベビー服を買ったこと、知らない人からの郵便物があったから勇気を出して郵便局に電話をしたことだったりした。こうした日本での日常生活の話が、ぼくにとっては生きる原動力になった。その時間があったから、ぼくは心を荒ませることなく走れたのだと思う。

遼介とは、トーゴ時間の13時、日本時間で22時ごろに連絡を取っていた。その日にあったことを報告しながら(お腹の調子が悪いことが話の中心になっていたが)、とにかくぼくが一方的にしゃべって、遼介が状況をまとめるということを繰り返した。そのルーティンのおかげで、すこしホットになっているときも冷静になれた。だからぼくは余計なことはあまり考えずに、感覚を研ぎ澄ませて肌で感じることに専念できた。もしこれが一人でなにもかもコントロールしなければならない状況だったと想像するとゾッとした。

トーゴでの活動をまとめながら、遠隔でビジネスコンペや「日本AFRICA起業支援イニシアチブ」の対策を練っていた。ビジコンのほうは決勝までコマを進めていたから、最後の追い込みをかけていた。それは発表の仕方とかそういうものではなくて、現場の声をできるだけ多く集めることに時間を割いていた。トーゴでの本当の課題とはなにか、そしていまから実践していくアプローチがその課題解決に沿ったものか、そんなことを遼介と話し合っていた。そのやり取りを通じて、ぼくたちが思い描いていたことをどんどんブラッシュアップしていった。

「日本AFRICA起業支援イニシアチブ」は、アフリカに進出する若手起業家を支援する「アフリカ起業支援コンソーシアム」という組織の支援プログラムだ。その組織は日本を代表する企業から資金を集めて、アフリカで事業を展開する起業家たちに支援金をまわすという、ぼくからすれば本当にありがたいサポートだ。このときすでに資金が尽きかけていたから、是が非でも支援を勝ち取りたかった。遼介に提出書類を添削してもらいながら面接対策をして、ぼくたちができる最大の準備をした。そしてトーゴと日本をオンラインでつないで、面接当日を迎えた。

選考委員会からは鋭い質問がどんどん飛んできた。しどろもどろになりながらも、「ぼくにはいろんな能力が欠けていますが、周りの人たちを総動員すれば面白いことができます」と熱弁した。その時間はあっという間で、驚くほど手応えはなかったのだが、何人かの人たちが笑っているのが見えた。そして奇跡的に、ぼくたちの事業が採択された。これはぼくたちのなかで、本当に大きな出来事だった。

京都信用金庫を退職してからの4ヵ月間で、ビジネスコンペでぼくたちの哲学のようなものを固め、クラウドファンディングで応援してもらえる人たちを集めて、「日本AFRICA起業支援イニシアチブ」で3年間の資金支援を獲得した。これからどうなっていくかはわからない。でもこのことが事業の基盤となったのは間違いない。がむしゃらに走ってきたけれど、気づいたらぼくたちは確実に前に進んでいるのではないかと思えた。電話ごしに、ぼくは遼介と乾杯をした。

職人たちの心意気

エウェ族の伝統的な織物であるケンテ。かつては王族のみが身に着けることを許された格式高い布で、西アフリカ地域で最高級品とされる。その製造現場には男性や女性、耳の聴こえない人もいたりして、多様性に溢れた環境がある。そんな場所と京都をつなぐことは、単純にお金がいくらそこに落ちるかということに留まらず、その場所が存在して活発なコミュニケーションが生まれれば、ハンディキャップのある人への偏見や差別、女性に対する蔑視はなくなるのではないかと思った。そういう景色を見れるのであれば、このケンテを調達することは、めちゃくちゃ意義がある。

ぼくは親方のもとで働く職人たちのところへ行き、対話を重ね、彼らの信頼を得られるよう努めた。ここの職人集団のチームワークは目を見張るものがある。身内への信頼は絶大だ。職人の彼らから親方へ、ぼくのことをプッシュしてもらおうと考えた。片道1時間ほどかかるデコボコの赤土の道を何度も往復した。到着するときには頭がボーっとして交渉どころではなかったが、とにかく気持ちをぶつけに行くのを繰り返した。

そして何度目かわからない訪問で、ついに山が動いた。

「おまえみたいなクレイジー*16なやつは初めてだ」と親方が折れた。職人たちが親方の反対を押し切って、ピュアコットンの白糸でケンテを織ってくれていたのだ。

「俺たちがここでどれほどヤバい仕事をしているか見せつけてやる。ただ、必要な量の白糸がすぐに手に入るかわからない。探し回るから時間はもらう」と、生産してもらえることが決まった。ここで、ぼくはさらなる無理なお願いをした。京都の伝

*16 ぼくがクレイジーだとよく言われたのは、現地語を話していることも大きく影響しているようだった。ヨーロッパからトーゴに来る人はそれなりに多いが、フランス語を話すか、英語を通訳してもらうのが一般的だ。ぼくはどちらもそんなにできないから、現地語を勉強していた。またパリメには、ほとんどアジア人がいないので、そこにいるだけで「クレイジー」だったのかもしれない。

統技術をケンテに施そうと思えば、1センチ単位の調整が必要だったのだ。

ケンテは13センチから15センチ幅の布を10枚つなげて1枚の布に仕上げる。したがって、できあがりは130センチから150センチ幅となる。京都の反物の染めは大きく2つに分かれる。ひとつは「小幅」と呼ばれる90センチ幅のもので、もうひとつは、「広幅」と呼ばれる112センチ程度の幅のものである。ぼくがお願いすることに決めていた西田さんの工場では広幅の反物の染めを専門としていたので、日本に持って帰るケンテは112センチ、長くても114センチに収める必要があった。親方にそのことを伝えると「1センチ単位のオーダーは、これまで受けたことがない。望むところだ」と、胸に手を当てた。それは職人魂に火がついた瞬間だった。

まずはサンプルをつくってもらった。それを確認して微調整、メジャー片手に商談を重ねた。幅を調整しながら職人に織ってもらい、一枚一枚の組み合わせを考えながらつなげていった。ギリギリの人数の職人しかいないので、その作業は単純に時間を要した。既存の受注があるなかで、初めて見るアジア人が、すべて白糸で、しかも幅の指定をするという「めんどくさい」仕事に、職人たちは嫌な顔ひとつせずに生産にあたってくれた。

「無理しなくていいから、そっちのペースで、できたぶんでいい」と言ってはいたものの、果たしてどれくらいでできるのかという不安と、どんな感じになるのかという期待もあり、できる限り見守りたいと思ってすぐそばにホテルを取っていたが、なかなか眠れない日が続いた。そんなある夜、気分を整えようと外に出て歩いていると、ラジオから流れる音楽と、聞き慣れたカチャカチャという音が聞こえてきた。彼ら職人は夜通しで生産にあたってくれていた。時刻は26時。ぼくは急いで「そこまでやらなくていい、帰って寝てくれ」と声をかけに行ったが、「おまえは約束を守るために帰ってきたんやろ。だからオレも約束は守る。受けたオーダーは、きっちり揃えて納めてやる」と親方は言った。

そうして納期の10日以上も早く、圧倒的な職人技を見せつけられてオリジナルのケンテができあがった。見れば見るほど、確かな職人技が施されている繊細な代物だ。

手作業だからこそ、手の温もりを伝えられると思っている。いつの時代も、人の気持ちを動かすのは、人だと思う。その温もりある人たちの顔が見える商品ができたときに、それに共鳴してくれる人は必ずいるはずだと、とくに根拠はないが自信はあった。

ヨソモノから、コミュニティーの一員へ

今回の出張は情報収集に加えて、もうひとつ大きな目標があった。それは日本とトーゴをつなぐための拠点を設けることだ。出国前にいろんな人に相談して、「腰を据えたビジネス展開をするなら現地法人が必要だ」とアドバイスを受けていた。現代アフリカに潜在するビジネスチャンスについて探求している先生からも意見をもらいながら、どこにどのような形で現地法人を設けるべきなのかを考えていた。

▲ケンテ職人たちの小さな喜びはラジオから流れてくるポップな音楽だったりする。ナイジェリアのポップソングが人気で、みんなリズムに乗りながら、軽快に布を織っていく。

首都のロメは自由貿易特区を設置しており、減税措置もある。なので拠点としてはかなり魅力的だったが、マルシェでの調査をとおして、中国からの影響を強く受けて土着的な文化は薄れているように感じたし、もっとここに住む人たちとのコミュニケーションを大切にしながら事業を前に進められる場所を探したいと思っていた。

パリメにはバティックやケンテなどがあり、この土地の固有の文化として脈々と受け継がれてきたものを感じられた。そういうものに、ぼくの気持ちは高ぶった。しかも、そこはかつて学生時代に約束を交わした地でもある。なにか困ったことがあれば頼れる人はいるし、他の地域へのアクセスもいい。ぼくはパリメに現地法人を設立する方向で動くことにした。

日本で会社をつくったときは、行政書士が持ってきた書類に署名と捺印をしたら、法務局で手続きしてくれて設立登記が完了し、その日から会社ができたことになっていた。だから、トーゴの設立登記もやり方こそわからなかったが、いつもどおり誰かに聞きながらやれば大丈夫かと高を括っていた。しかしぼくは甘かった。リシャに会社をつくりたい旨を相談すると、かなり前のめりで応援してくれたのだが、「さっそく、つくりに行こう」と連れてこられたのは、近くのヤムイモ畑だった。到着するや否や、スコップを渡されて、そのあたりを掘るように言われた。ひたすらに畑を耕していたのだが、なぜぼくは土を掘っているのだろうと不思議に思いはじめた。

たとえば、日本には勤労の義務が憲法で定められていたりする。だからまずは、畑仕事をクリアしないと事業をしてはいけないのだろうかと想像した。しかしこれをいつまで続けなければならないのか、どこまでやれば「勤労の義務」的なことを果たしたと判断できるのか、いろんな疑問が湧いてきた。手はマメがつぶれてスコップの柄が血で滲んでいた。そこでぼくはようやくリシャに「なんで土を掘っているのか」と質問をした。するとキョトンとした顔で、「会社つくるんちゃうの」と返された。リシャは物理的に会社を建設しようとしていた。そんな斜め上の返答に対して、ぼくは炎天下で汗を拭いながら話を整理しようとした。ぼくはこれまで、なにか挑戦するにしても、先立つものがどれくらいあって、それをどのようにして使うかを考えたりしていたのだが、ここではまず体を動かしながら、ぶち当たったところで知恵を絞るスタイルらしいことがわかった。だから、まちをよく観察すると、建設途中の家か教会みたいなものが散見されて「あれは途中で資金が底をついたから建設がストップしているのだ」と説明を受けた。

ぼくは「なるほど」と思った。ぼくらはまず、いまの現状から物事を組み立てることが多い。いわゆる、その制約条件ともいえるものを踏まえて、いかにして最高のものをつくるかということを考えている。一方、ここの人たちの多くは、まず理想とするものをゴールに設定し、そこに向かって走り出すことから始める。そして行き詰まったタイミングで、その課題というか困難について話し合うという作業を繰り返しているように見える。

今回のケースでいえば、「会社をつくる」というゴール設定は済んでしまっているから、勢いよく走り出したのだけれど、ぼくが作業困難になるほどのダメージを受けているから立ち止まっているという状況だった。ぼくはもうヘロヘロで立ち止まるどころか、立っていられない状況だったので、近くのバーで休憩兼作戦会議を申し入れた。「Pils（ピス）[*17]」という後味スッキリのビールをがぶ飲みしながら、会社を「建てる」ことについて3時間くらい話し合った。

まず、現地法人の位置付けを確認した。日本に帰ってからも情報のやり取りをできるだけスムーズにしたいと思っていたし、足りない情報があれば、すぐに調査ができるような体制を整えたかった。そしてある意味でパリメのシンボルとして、

*17 トシハルランキング・ビール編。3位が前述の「アウォーヨ」。地ビールで、ご当地性もあって高得点だ。2位は「Castel（カステル）」、西アフリカ地域で広く飲まれている。程よいコクと喉ゴシがいい感じで、気候とマッチしている。1位が「ピス」だ。スッキリしていて、ぐびぐび飲める。「CHILL（シル）」というレモンフレーバーのピスもおいしい。

多様な人が集う場所として機能させたかった。人が集まる場所には情報が集まり、ここで本当に求められていることをダイレクトに知ることができると考えていた。ぼくはそんな誰かの居場所としての現地法人を求めていた。

リシャもそのことには大いに賛同してくれていた。ただ、ここでの日々のお金を循環させていかないことには、人が集まり続ける場所にするのは難しいと、本来は金融機関出身のぼくが言わなければならないことを、リシャが意見してくれた。そのためには、どういう形態にするのがいいか、いろんなアイディアを出し合った。アフリカ布関係の仕事は、確かにクリスマスや各家庭でのハレの日にまとまった需要はあるが、毎日のように買われるものではないから、いくつかの事業を組み合わせたほうがいいという話になった。最近はパリメでもスマホが普及してきているから、スマホの販売やモバイルマネーの販売、ここの主要産業のひとつでもあるバイクタクシーのレンタルサービスなどの案が出たが、どれも先行して仕入れるために結構な金額のお金が必要で、手を出すのは難しそうだった。

酔いもいい感じに回ってきて、だいたいのことはなんとかなるような気もしてきて、郷に入っては郷に従えともいうし、具体的に運営する手段は走りながら考えることにした。ただ、ぼくの滞在日数もそんなに長くない。片道切符だけ買ってきていて、どれくらいトーゴに滞在するかは決めていなかったのだが、最低限の商品開発をするにあたって必要な素材は調達できた。子どもが生まれるまでには帰国したいと思っていたから、それほど時間をかけずにできることをやりたいということをリシャと共有した。そして試験的に始められるサイズ感の小屋みたいなものをつくることになった[*18]。

そんな話を踏まえて、遼介に電話で相談すると、かなり慎重な意見をもらった。彼はヨソモノがその土地に入ることの危険性を学生時代に学んでいた。ヨソモノが入ると、そこにある生活やパワーバランスに多少なりとも影響が出る。結果として現地の人たちの迷惑になったり、悪循環を引き起こしてしまうこともある。しかも建物を構えるということは、長期にわたってコミットし続けなければならない義務さえ負う。その覚悟をいまこのタイミングで決断するのは時期尚早ではないかと、そんなことを危惧していた。

遼介の言うとおりだった。ぼく自身もアクションを起こすことによる暴力性を東日本大震災のときに学んでいたし、遼介の言うような危険性もよく理解できた。しかしここにはぼ

*18 店の造りは、コンクリート造と木造、それからコンテナの３つに大別される。このなかでいちばん簡単にできるのがコンテナだ。現地ではそれを「キオスク」と呼んでいる。ぼくたちは、コンクリートで土台をつくってそのうえにキオスクを建てる「コンクリートキオスク」をめざした。

くの友だちがいる。そしてかつての友だちの半分は、貧困や病気、差別によって命を落としている。そんなことを目の当たりにして、ぼくは一歩も引きたくなかった。ぼくにとって友だちというのは、ほとんど人生そのものだ。覚悟ならとっくにできていた。地域の人たちとコンセンサスを取りながら、動いていくことを遼介と確認して、ぼくはギアをあげた。

現地法人「設立」

午前中の太陽があがりきらない時間帯に土を掘り、気温があがる日中は、会社を構える土地を探した。すこしバイクで走ると、「土地売り出し中」の看板[*19]が所々にあって、それを見つけるたびに8桁の携帯番号にダイヤルして、土地のオーナーとの交渉を試みた。しかし土地探しはかなり難航した。交渉がとんとん拍子に進んでいても、急に連絡が取れなくなったり、昨日までのOKが今日のNGになった。そんな交渉をしているあいだに、掘り起こした土を何者かに持っていかれたりして、一歩進めたと思ったら二歩下がるみたいなことを繰り返した。

そんなときに、役人のなかでも見るからに高いポジション

*19 看板には「VENDRE（フランス語で、売り出し中という意味）」と書かれていて、その下に8桁の電話番号がある。電話をかけるとオーナーにつながり、そこで初めて土地のロット（広さ）を教えてもらえる。土地全体の半分とか四分の一みたいな借り方や買い方ができる。

で働いていそうな人に声をかけられた。その人は学生のときにラジオ局の取材でマイクを向けた人で、ぼくのことを覚えてくれていた。事情を説明すると、首都ロメからアタパメ間をつなぐパリメでいちばん大きな通りにある土地を紹介してくれた。さらにその土地について、役所の許可も取ってきてくれた。そうしてぼくたちは奇跡的に、幹線道路沿い[*20]に拠点を構えることになった。

場所が決まったので、リシャと聞き込み調査をした。このエリアではなにが求められているのか、どういうものがあったらいいか、地域のおばちゃんたちや、役所の人も交えて、意見を取り込みながら店の運営を考えた。日本では周りと違うことをするのはすこし憚られるが、ここでは周りと違っていることが価値になる。近隣のお店と同じことをやっていては、お客さんの取り合いが起こってしまう。それは地域社会として好ましくないから、周りと違うことをするのを求められた。

地域から求められる企業は残り続ける。そういうことを、ぼくは信用金庫で学んでいた。半径200メートルの300人くらいに聞くと、週に1回か2回くらいは、なんらかの美容用品を買っているというデータが取れた。ここの人たちはとてもオシャレで、数週間に一度はエクステを編み直す。赤ちゃん

*20 幹線道路沿いは、人も車もバイクもたくさん通る。屋台やカフェ、バーなどの飲食店のほか、雑貨屋さん、仕立て屋さん、写真屋さんが立ち並ぶ。写真屋さんは、意外にも思われるかもしれないが、結構たくさんある。写真好きな人が多く、家のリビングには家長の写真を飾ってあったりする。

から年配の方まで、お風呂あがりにはボディクリームを塗る人も多いし、お出かけ前には香水をつける人も多い。そんな美容用品を扱うお店は、すこし離れた中心部にしかない。この通りは、日中は圧倒的に女性が多く集まってくる場所だということもわかったので、ちょうどいいのではないかという結論になった。そしてセナが6年間、貯め続けてくれたお金があれば、ある程度の商材もラインナップできる。現地法人は日本との連携を図っていくだけでなく、コスメショップとしての側面をもつ店として運営することになった。

現地法人「建設」

現地法人「建設」が最後のミッションとなった。ラストスパートをかけるために、ぼくは布をロープのようにしながら手にグルグル巻いて、マメがエグれないように固定した。ぼくはリシャとともに畑へ向かった。

これまでに掘った土の量は、まだ全然足りなかった。クワで土を耕し、柔らかくなった土をスコップですくい、農業用一輪車に積んでいく作業を幾度となく繰り返した。赤道近い炎天下の畑作業は、すこし間違うと命の危険すらある。暑いというよりも痛い日差しのなかで、5分もすれば汗が噴き出してくる。その汗が火傷した皮膚を伝い、血マメになったところに沁みるたびに激痛が走った。

そんな痛みが続くと感覚も麻痺してきて、ランナーズハイみたいに調子があがってくる。しかしいいペースで掘り進めていたら、バケツをひっくり返したようなスコールが降って中断になることも、しばしばあった。スコールのあとの、雨を吸い込んだ土は非情なまでに重い。その重さを腰でカバーしようとして、背中の筋肉がピクピクする。そんな状態が続くと、さすがに意識は朦朧としてくる。

ぼくはほとんど理性を失って、祈りにも似た雄たけびをあげながら作業をしていたから、いろんな人が集まってきていた。血まみれになったぼくの手を見て、見かねた人が1人、また1人と畑に入ってきて、手伝ってくれた。ぼくとリシャの2人で始めた作業は、日に日にその人数が増えていった。

ある程度の土が掘れたら、次はその土を近くの小川まで運んだ。そこで川の水と土とセメントを混ぜて、コンクリートブロックをつくった。デカめのバケツを調達して水を汲んで、頭のうえに乗せて運び、土にバシャッとかける。そこにセメントや砂利などを混ぜ合わせ、スコップをつかって型に流し込んでいく。型に流し込んだコンクリートブロックはだいたい30キロくらいあり、それを勢いよく地面に叩きつけるようにして成型していく。固まったら取り出して天日干し。そうした作業によって、400個くらいのコンクリートブロックをつくった。

さらにそれをお店を構えるエリアまで運んだ。その土地はデコボコだったので岩などの段差は斧で砕き、スコップで掘り出して平坦にした。平坦にしたところにコンクリートブロックを置いて、そのブロックとブロックのあいだに、砕いた岩を置き、そのつなぎ目にはまた、セメントを流し込んで土台をつくり、まるで三匹の子豚みたいにレンガを積み上げていった。

一連の作業をとおして、終始、腹痛にも悩まされた。もともとぼくは、あまりお腹は強くない。食べ物はおいしいのだが、基本的に辛いものが多いから、ずっと下痢が続いていた。そこに長時間の肉体労働が重なったせいか、調子は悪くなる一方だった。強烈な腹痛はいつしか悪寒に変わり、痙攣を起こした日もある。しかしそんなときでも、どんどん手伝ってくれる人は増え続けていて、人が人を呼んだムーブメントは、いつしか50人くらいにまで膨れ上がっていた。

市役所をたらい回しにされながらも、手づくりの会社を建設する様子を役所の人に確認してもらい、登記申請も同時進行で進めた。会社を建てたその土地は、役所から提供してもらうような形で契約することになった。賃借料は月に600円程度、それを年払いすることで合意した。そのあと登記の申請書類に、法人名や連絡先、事業内容などを書き入れ、その書類をword文書化してプリントアウト。そこに代表者であるぼくと、立会人としてリシャがサインをした。役所の人は、それらの申請書類をA2サイズのピンク色の画用紙を半分に折ったところに挟んで両手を挙げた。めでたく登記申請が完了した瞬間であった。

とても大変な時間ではあったが、一人では到底できないことでも、みんなでやればできる。畑からスタートしたぼくたちの会社の建設は、なんとか2週間ちょっとで終えることができた。完成後、最後の晩餐にとリシャがフフをつくってくれた。なにかの節目には必ずフフを食べる。汗だくになりながら、気持ちを込めてつくってくれたフフは格別の味だった。また同じことをやれと言われても無理だと思うくらい頑張った。店舗運営をリシャに任せる段取りをして、帰国の日がやってきた。やらないといけないことはたくさんあるけれど、ゆっくりお風呂に浸かって、ゆっくり布団で寝たい。そしてなにより妻の得意料理の唐揚げが食べたくて仕方がなかった。

▲ぼくへのおもてなしにフフをつくってくれているリシャ夫妻。リシャは気合いが入りすぎて、シャツを脱いでいる。

Column

トーゴへ行こう

トーゴへ向かうと決めたとき、もちろん事前に情報を集めようとした。しかしほとんど情報はなくて、ビザを取得する手続きさえ複数のサイトを閲覧しないとわからない状態だった。それから3往復くらいしているが、未だに行くときに「ビザはどうやって取るんやっけ」となって、あまり効率のいいやり方で段取りできなかったりしたので、自分なりにまとめることにする。

①とにもかくにも「黄熱の予防接種証明書(イエローカード)」の取得

ビザの取得と入国に際してはイエローカードが求められる。接種には予約が必要なところが多く、1ヵ月くらいかかることもある。また接種10日後から有効となるため、だいたいトーゴへ行こうとする1ヵ月半くらい前までには、接種の予約を取っておいたほうがいい。したがって、イエローカードを持っていない人がトーゴへ行くなら、その準備にだいたい1ヵ月半くらいは見ておくのが無難だ。ちなみに、2016年7月11日以降、黄熱の予防接種は生涯有効となったので、取得しておいて損はないと思う。

②英文残高証明書の取得

金融機関で英文の残高証明書を取得する必要がある。通帳かキャッシュカード、届出印、本人確認書類、発行手数料が必要であるが、各金融機関で若干の違いがあるので事前に確認するのがベターだ。発行内容は円建てでもドル建てでもどちらでも可、残高は滞在費をカバーできる金額があればいい。ぼくは10万円ちょっとの残高でも受理してもらうことができた。発行に数日を要するケースもあるので、ビザを申請する2週間くらい前までには手続きをしておくのがいい。残高証明書は発行日から1ヵ月以内のものが望ましい。

③証明写真(縦4.5センチ×横3.5センチ)を2枚用意する

①から③は外出するときに一気に用意すると気持ちがいいし、効率的だ。

④フライトチケットを取る

ビザの取得にチケットの予約は必要ないが、日程が決まらないといろいろ気持ちが煩雑になるから、先に取っておいたほうがいい。もちろん、日にち単位で飛行機代の差があるから、安いタイミングを見計らうためにも、まずはいつからいつまで行くかを決めたほうが安上がりだ。いくつかフライトの比較検索サイトはあるが、ぼくは「スカイスキャナー」を使っている。航路は大きく4パターンあるので、以下に検索の方法を列挙する。いずれも片道でなく往復での予約のほうがいい。

1, 日本⇔トーゴ(ロメ)の1つ予約

2, 日本⇔フランス(シャルル・ド・ゴール)、フランス⇔トーゴの2つ予約

3, 日本⇔シンガポール(チャンギ)、シンガポール⇔トーゴの2つ予約
4, 日本⇔アラブ首長国連邦(ドバイ)、アラブ首長国連邦⇔トーゴの2つ予約

シーズンにもよるが、ぼくは上記のパターンで検索して最安値をはじき出している。「2つ予約」パターンは、それぞれの経由地で荷物をピックアップする面倒があるものの、一人旅などで時間を気にせず動けるなら、それぞれの経由地はビザがいらないので、フラっとしてもいい。

⑤宿を決める

チケットを取得したら、次は宿を予約する。いくつか比較検索サイトはあるが、ぼくは「ブッキングドットコム」を使っている。ネットに掲載されている宿は、おおむねどこに泊まってもいいサービスを受けられる印象だ。現地の人からも、宿内での盗難や危険な情報については聞いたことがない。首都ロメならまちの中心もいいが、ギニア湾沿いのビーチに近いところもいい。ぼくの現地法人のあるパリメというまちにも多くの宿があって、基本的にどこもいい感じである。

⑥ビザ申請書に記入する

この段階まで進めば、行くことだけは固まっているから、あとはパスポートと宿の予約表を見ながら書き込んでいけば終わりだ。申請書は、

トーゴ共和国大使館ホームページにファイルがある。ぼくに問い合わせてくれれば、申請書とともに、記入の仕方もレクチャーできる。

⑦最後にチェック

・パスポート　原本 ※残存3ヵ月以上、スタンプが押されていないページが見開き2ページ以上
・イエローカード　原本
・英文残高証明書　原本
・証明写真(縦4.5センチ×横3.5センチ)　2枚
・宿の予約表
・ビザ申請書
・ビザ申請代金 ※シングル8,500円(1回の出入国)、マルチ(複数回の出入国)11,000円

※フライトの予約表はなくてもいいが、あると親切かもしれない。

　トーゴは遠い国のように思えるけれど、行くとみんなとの心の距離感は、ちかめである。どこかの国のように、分断や孤立、自己責任とかの話にはならない。その人の問題はみんなの問題で、その人の楽しみはみんなの楽しみだ。そんなコミュニティが、ぼくはいいなと思っている。トーゴでの体験を、いつかこの本を読んでくれている人と同じにできたらいいなという下心もあって、まとめてみた。

▲パリメでマルシェを調査したときに、いろんな情報を教えてくれたアフリカ布屋のおばちゃん。うしろにかけられている布と手元に持っている布とでは、まったく素材が違う。ここで、素材についてたくさん教えてもらった。マルシェには商品だけでなく、たくさんの情報が集まっている。

▲手伝ってくれている二人は、通りすがりの人たちだ。うまく土を掘れないぼくを見かねて、声をかけてくれた。気づけばそのまま二週間ほどにわたって建設に加わっていた。「クワはこうやって使うんだ」と教えてくれた。

▲ケンテづくりの現場では、長く伸ばされた経糸に、手元で緯糸をとおしていく。経糸が短くなっていくにつれて、重い石を乗せた木の台ごと作業しているほうへ引きずられていく。スコールが降るたび、急いでこの経糸を回収する。「屋根をつくればいいんじゃないか」とぼくは言ったのだけれど、「なんで雨のときまで働かないといけないんだ」と笑われてしまった。カッパを着てカブで営業していたぼくには、目から鱗だった。

▲華奢なぼくから見ると、彼らのスタイルの良い体が羨ましい。トーゴにはジムもサロンもないのに、綺麗な肉体の人が多い。

第三節　重ねあうこと

惨敗を喫した東京

今回トーゴから持ち帰ったものは、三〇枚のケンテ、四〇枚のバティック、そのほかマルシェで購入した布や、現地で仕立ててもらったワンピースやシャツだ。

帰国してすぐに、京都の職人・西田さんのもとへ向かった。白糸で織ってもらった最高級のケンテに、京都の技術で染色を施してもらうためだ。西田さんは「いまどき手織りの布っちゅうのも珍しいな」と、親指と人差し指の腹で、その素材感を確かめながら言った。「昔は結構こんなんもあったし、いまでもあるけどエラい高いから誰も見たことないんちゃうか」と続けた。「どうなるかわからんけど、せっかく持って帰ってきたんやから、いっぺんやってみよか」と色の見本帳を取り出してくれた。

西田さんと相談しながら一つひとつ色を決めていった。何百もある色からビビっときたものを中心に組み立てていき、西田さんのセンスでいい感じにしてもらう他力本願の作戦に出た。長い時間をかけていまの時代にまで残ってきたものがぼくは好きだし、価値があるものだと思う。その価値ある技術で染め上げられるものに、ぼくはとても興奮した。そしてここに、当初から構想していたトーゴと京都をテーマにした素材ができあがったのである。

ぼくたちのモットーは、試しにやってみることだ。「最初からできたら男前、できなくて当たり前」ともいうし、できないことから始まる可能性に賭けたいと思っている。この四ヵ月半、死ぬ気でやってきた。日本から一三〇〇〇キロ離れたトーゴ共和国という馴染みのない国に往復五日かけて行き、ことばの通じない現地の職人と交渉してきた。そうしてなんとか調達した素材を持って帰り、京都の職人のもとへ駆け込んで形にしてきた。まだまだ道半ばではあるが、形になってきたものが、市場でどのような反応を受けるのか知りたくて、ぼくは遼介とともに東京の大都会に乗り込むことにした。スーツケースには、会社の全財産ともいえる布をパンパンになるまで詰め込んだ。

東京は、多種多様なコレクションブランドをラインナップする、世界でも珍しい都市だ。そんな都市の第一線で活躍するバイヤーたちの審美眼で、ぼくたちの魂を込めた商品を見てほしいと思った。

向かった先は、こだわりのプロダクトを扱うセレクトショップだった。遼介が調べてピックアップしてくれた。そのお店では、たとえば世界各国の珍しい素材からつくられた衣料品や、一点物の商品などをラインナップしていた。ぼくたちが持っていったのは、トーゴのいいやつと京都のいいやつを組み合わせたものだから、絶対にいいはずだ。悪いわけがない。しかしそこのバイヤーから言われたのは、なぜトーゴなのか、百歩譲ってトーゴだとしても、なぜ京都なのか、その組み合わせの必然性というか、そうしなければならない理由を詰められた。

ぼく自身のトーゴや京都での体験は、そこで取り扱う理由にはならなかった。素材としてよくわからない組み合わせは、その店では求められていなかった。強い信念をもってやってきた気持ちと、それが伝わらない悔しさで、ぼくの思考は停止した。

商品を詰め込んだスーツケースが空っぽになるイメージをしてやって来た東京。しかしスーツケースの重さは変わらなかったし、なんならテンションの分だけ帰りのほうが重く感じた。

いつのまにか、スーツケースのコロコロは壊れていた。自分たちを奮い立たそうとして、一本の缶ビールを二人でわけて飲んだ。あれが限界だったと、言い訳をしてみたりした。ぼくたちは見事なまでの惨敗を喫した。

バティック布でスーツをつくる

東京での経験から、世の中に打って出るためには素材のままではなく、商品として仕上がった「モノ」が必要だと感じた。具体的になにをつくろうか考えていて気づいたことがある。アフリカやアジア地域で国際協力系のも

▲思うような結果が出ず、肩を落とした。しかし、胸の奥では「いまに見てろよ」とアツい気持ちが込み上げていた。

のづくりをしているところはたくさんあって、また、いわゆる「フェアトレード」と呼ばれる商品をラインナップしているところもあるが、ぼく自身が身に着けられるものはあまりなかった。

調べると、そうしたソーシャルグッドな商品の購買層は、おおむね四〇代前後の女性だった。とくにファッションの業界ではトレンドはレディースからメンズへ移り変わることが多く、黎明期ともいえるエシカルファッションやサステイナブルファッションのメインターゲットは、やはり女性であった。それを考えれば基本的には女性をターゲットにした商品を検討するのがセオリーなのだが、ぼくは結構わがままで、自分が身に着けられるものにしたかった。アフリカから持って帰ってきて、ここまでくると愛着も湧いてくる。素材としての欠点はあるかもしれないが、ぼくにとってはまだ見ぬ世界に連れて行ってくれるかもしれない仲間のような存在だ。実感が伴うかたちで、その価値を高めていきたかった。

もしぼくが着るならシュッとした感じのやつがいいなあと思って、スーツをつくることにした。仕入れてきたケンテとバティックは、それぞれ耐久性や性質がちがうので、最終的になにをつくるか、それぞれで考えていく必要があった。スーツにはバティックを使うことにした。一〇数センチの生地をつなぎ合わせてつくった繊細なケンテより、加工がしやすいからだ。

　インターネットで検索すると東京の銀座にあるオーダーメイドのスーツ屋さんがヒットした。そのお店は「テーラーフクオカ」といって、そのコンセプトがめちゃくちゃいい。「オーダースーツ屋という私達の仕事には信じられないくらい沢山の人が関わっている」という一文で始まる文章は、そのすべての人が幸せであるために、「まず目の前の人を大切にし笑顔にできるかが大事だと思う」と温かなことばを紡いでいる。電話を入れてみると、店長さんがとても紳士的に対応してくださった。

　生地の持ち込みができるオーダースーツ屋さんは、そんなに多くない。生地の補償ができなかったり、手間のかかる素材が多かったり、儲けづらいからだ。にもかかわらず、テーラーフクオカさんには、ぼくたちがやろうとしている意義や挑戦するテーマに賛同してもらって、スピーディーに制作に取りかかってもらうことができた。シックで上品な生地がほとんどを占める店内の一角に、オレンジや黄色、水色といった鮮やかな布があるのは異様でもあったが、明るくてパワフルな佇まいは、ぼくたちらしい力強さを放っていた。

動いてきたものがようやく形となって現れた。試作品は鮮やかで魅力的なものに仕上がったが、日本にいる人たちが日常のどういったシーンで着るのかを考えると、馴染みやすいものにしていきたいと思った。それに、ぼくたちらしさを出せる余地がもっとあるような気もした。

想いをかたちにする動画づくり

目の前で、自分たちが魂を込めた商品が形になっていく感動はことばにならない。東京では散々な目に遭ったが、それでも自信はあった。大学で経済を学び、社会人では金融業界に身を置いて「形ないもの」を売ってきたぼくは、「形あるもの」のパワーを知ってワクワクしていた。ぼくたちの目の前にある一着の服。手に触れると感じるその柔らかさの向こうに、布を織っている職人がいる。夜遅くまで織ってくれたときの彼らの表情をぼくは目に焼き付けてきた。目を閉じれば、カチカチという音が蘇る。それを受け取り日本で染めてくれた西田さんの技がある。その先には、染めた生地を蒸す職人がいて、仕上げ屋さんがいる。触れるたびに、これまでやってきた軌跡がそこに見えた。その臨場感をすこしでも体験してもらうことができれば、ぼくたちの挑戦している事業がいかに魅力的であるかをわかってもらえると思った。

そこで、プロモーションの動画をつくることにした。動画づくりに協力してもらえる人を探していたときに、遼介に心当たりがあって、水井翔くんを紹介してもらった。彼は遼介の学生時代の友だちの弟で、東京で活躍しているクリエイターだ。世に名の知れたブランドのプロモーション映像などを手がけていて、のちに日本を代表する映像作家一〇〇人にも選出された人物だ。そんな人に、ぼくたちの映像制作を依頼できたのは、奇跡といってよかった。人のつながりというのはすごい。ほとんど二つ返事で制作の了承をもらって、次の週には京都の職人のいる工場まで撮影に来てくれた。

そうして出来上がった映像は、パーフェクトだった。完成度の高さに驚いた。ぼくたちの頭のなかにあるイメージが、実際に映像となって流れてくる。仕事にあたる以上はプロでなければならないこと。目の前の人や物をリスペクトすること。そして仕事のスキル以上に、人の痛みを感じることのできる人であり続けることを、ぼくは翔くんの仕事から学んだ。

そしてなにより、翔くんの映像のおかげで、いまやっている事業によりいっそうの自信をもつことができた。ぼくたちが挑戦していることはかっこいい。そう胸を張れるきっかけをくれたのは、間違いなく翔くんの映像だった。

▲この動画は大切にしていきたいたくさんのことを映し出している。単なるプロモーションを超えて、ぼくたちの哲学が込められている作品だ。

第四章
見落とされてしまう たくさんの価値を重ねて

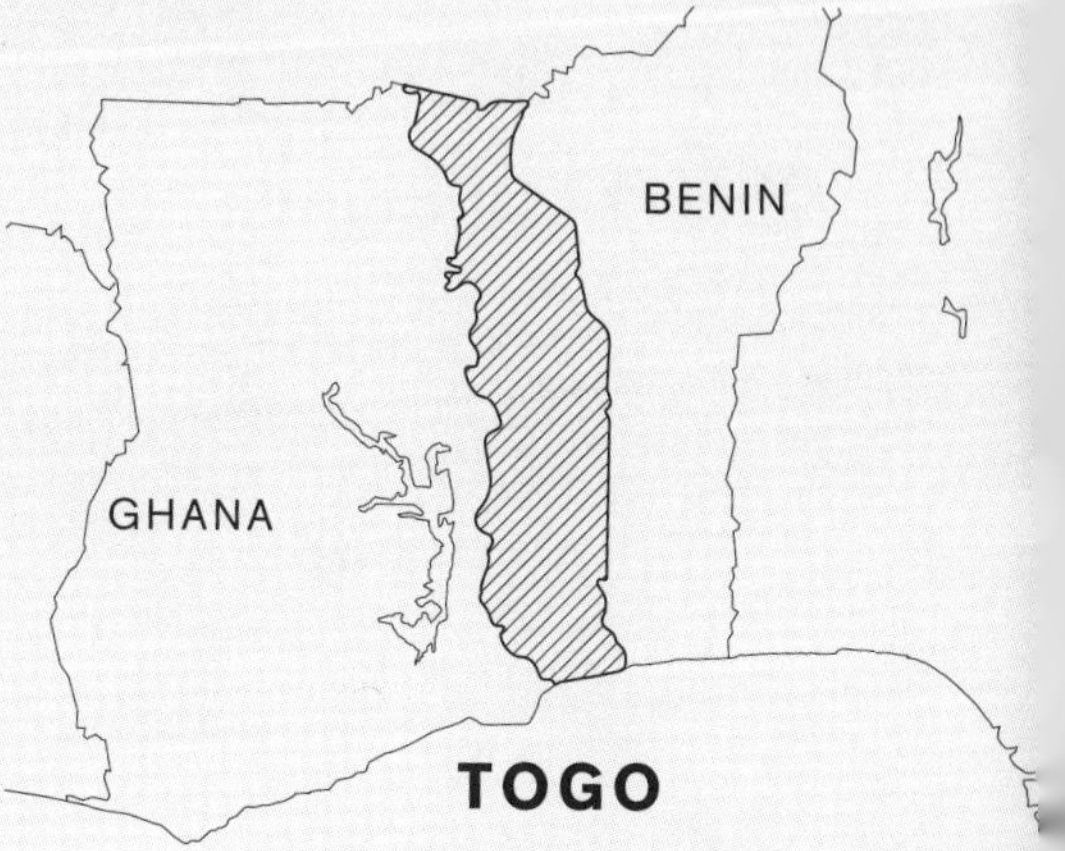

第一節

ぼくたちは商品を誰に届けたいのか

父になる

二〇一九年一月七日、待望の第一子が生まれた。かわいい。マジでかわいい。圧倒的にかわいい。理性が飛ぶほどかわいい。想像を絶するほどかわいい。こんな感情がこの世にあるなんて思わなかった。まだまだ知らないことがたくさんある。

娘は日に日に成長して、昨日できなかったことが今日できたりする。一つひとつステップアップしていくのも、娘自身、楽しんでいるように見える。なにかできるようになったら嬉しそうな顔をするし、うまくいかなかったら、すぐに泣く。とてもシンプルに一生懸命に生きている。そんな娘を見ていると、ぼくはなにをやっているのだろうと思ったりもする。周りに助けられてばかりで、自分でなにかを成し得たわけではない。相変わらずぼくにはスキルもお金もないから、いろんな人に相談して、目の前の困難に立ち向かっている。でも娘に見せたいのは、そんなダサくても一生懸命にぶつかる姿勢だったりする。

幸運なことに、ほとんど時期を同じくして、ぼくは経営者になり、父になった。これから会社をつくっていくタイミングで父になったのには、なにか意味があると思う。胸の奥からフツフツと湧き上がってきたのは、未来を守りたいという気持ちだった。守るだけではダメだ。その可能性を限りなく広げたい。娘はもちろん、会社に携わってくれているすべての人が、思う存分、自由に生きられるように。そしてみんなが自由に思い描く未来を、ぼくも一緒に見てみたい。

ぼくがこれからアクションを起こしていく判断基準は「お父さん、それかっこいい」と言ってもらえるかどうかである。これまでぼくは、たくさんダサいことや恥ずかしいことをしてきた。しかしこれから判断を迫られたときは、娘にかっこいいと言ってもらえそうな方を選びたい。未来を守り、可能性を広げる。そして人としてかっこいい判断をする。そんな背中を見せたい。いまは自分のことさえままならないのだが、どんな状況であっても、娘に誇れる自分でいたい。ぼくは父になったのだ。

作務衣を着て歩くパリ

バティックはスーツに仕立ててみた。次は、西田さんに染色してもらったケンテの商品化だ。トーゴと京都という最初から思い描いていたものではあるが、最終の完成品を決めないままに、ここまで走ってきた。これをどうしようかと五秒くらい考えたが、ぼくにプロダクトデザインの知識は皆無で、まったく思いつかなかったので、学び場とびらへ向かうことにした。そしていつものように他力本願で、たまたま居合わせた七人くらいと話し合った。

ここまでやってきたことの紆余曲折を笑われながらもワイワイ話し合いは進んだ。そして京都らしい色の風合いから、日本的なものに落とし込んだほうが相性がいいのではないかという意見が出た。たまたま話し合いの輪のなかにいた服飾関係に詳しい人が「これで作務衣つくったらかっこよさそう」とつぶやくと、その場にいた人たち全員が「めっちゃいいやん」と温度感が高まった。作務衣は、もともとお坊さんが日常の雑事の際に季節を問わず着用できる服だった。物として素敵だし、日本の伝統も感じられる。調べると、一般的な作務衣は黒とかグレー単色のものが多く、色鮮やかに染色すれば、見たことのない商品が出来上がるような気がしてきた。ぼくはこれまで話し合いのなかで感じる高揚感に従って、アクションを起こしてきた。だから疑いもなく作務衣が正解だと思って、さっそく制作に取りかかった。

作務衣づくりには専門の職人がいる。法衣屋といって、僧侶の法衣だけを専門的につくっている独立した業種だ。学び場とびらでは、具体的にどうやってつくるかの話まで進んでいて、三五〇年にわたって法衣屋業を営んでいるお店を紹介してもらうことができた。その職人と会って、これまでの経緯を説明した。話すうちにどんどん熱が入り、気づけばお互いに人生の話をしていた。将来はどういうことをしたいのか、どんな世界を見たいのかについて二時間くらい語り合ったあと、ようやく作務衣づくりの打ち合わせをした。さすが専門の職人というだけあって、基本的な作務衣の構造から用尺を導き出し、その仕様について、一つひとつコンセンサスを取りながらデザインを決めていった。「そこまでして調達しに行った布やからハサミ入れるのめっちゃ緊張するし、勇気いるでこれは」と言って、一度、店に持ち帰ってもらい、周囲の方々に相談しながら進めてもらうことになった。

およそ一ヵ月の制作期間を経て出来上がった作務衣は、ひいき目で見ているところはあったかもしれないが、控えめに言っても、かなりハイセンスなオーラを纏っていた。ぼくは出来立てホヤホヤの作務衣を持って、フランス・パリへ向かうことにした。もともと、ものづくりを始めたときからパリコレクションを目標にしていたのもあったが、モードの最高峰といわれるパリで勝負をする理由があった。トーゴの公用語はフランス語で言語の親和性があるだけでなく、日本とフランスは文化的な交流が盛んで、パリには一定数、日本の文化や伝統に感度の高い層がいる。しかも日本におけるフランスブランドのイメージが高いということもあって、これから販売戦略を練っていくにあたっても、魅力的な市場だと思った。

なんのツテもなかったが、いつもどおりの行き当たりばったり、まずは現場に足を運ぶことにした。二〇一九年三月のことだった。パリに到着して、とにかく動き回った。地下鉄の乗り方がイマイチわからなかったので、伊能忠敬スタイル、徒歩でパリ市内を巡った。毎日七時間ぐらいパリ市内を歩き回り、かかとの皮が剥がれて、ふくらはぎと太もも、腰、肩の筋肉痛がひどく、仰向けに寝れない状態が続いた。事前に営業先をリストアップしていたが、ほとんど無視して、現場の感覚に頼りまくった飛び込み訪問を繰り返していた。パリには一度だけ来たことはあったが、ほとんど地縁がなかった。ほぼ唯一、聞いたことがある「シャンゼリゼ通り」にとりあえず向かって、通り沿いにあるお店にとにかく飛び込んでいった。資料も持たずに「作務衣つくったんで見てくれませんか」というようなことを片言で話していると「きみはお客さんなん？　それとも営業マンなん？」と聞かれるところから始まった。営業マンだと伝えると「観光地やし忙しいねん、担当者もおらんし」というようなことを言われてしまった。いくつかのお店に同じように営業していったが、そもそもことばがあまり通じなくて、商談どころではなかった。出来上がったものの魅力を伝えたいという一心で動いていたぼくは、見ればすぐさまその価値をわかってもらえると思っていた。

とはいえここまで来たからには、帰るわけにはいかない。何軒も営業するうちに、道ゆくパリジャンやパリジェンヌから何枚も写真を撮られるようになった。ずっと作務衣を着て歩いていたからだ。とくにマレ地区のあたり、オペラ座とルーヴル美術館のあたりでは集団から歓声があがって、そこにいた人が所有するギャラリーで講演する機会も頂戴してしまった（フランス語と英語と関西弁のトリリンガルでギリギリ乗りきった）。四軒のブティックで取り扱いの了承を得て、そしてさらに、パリに本店を構えるコレクションブランドのファッションデザイナーから声をかけてもらったりした。

もともと勝算があって乗り込んでいたから「ほれ見てみい」と思う反面、引っかかる気持ちもあった。というのも、商談を進めていくと小売価格は驚くほどに高額になっていた。加えて、ブランドネームだけが貼り付けられて市場に出回る契約となっていたので、これまでお世話になったエウェ族の職人や京都の職人たちの顔は一切出ないことになっていた。目の前の書類にサインをして、三週間ぐらい待てば、しばらく生きていけるだけの契約代金が入る。しかしこれにサインをして承諾するということは、たくさんの人に応援してもらってここまで来たのに、多くの人の手には届かないものになってしまうことを意味するように思えた。それだけでなく、「売れたらそれでいい」という、そのマインドこそが職人たちを追い詰めたにもかかわらず、それに加担してしまうことをも意味するようにぼくには思えた。ぼくたちは商品を誰に届けたかったのか、ぼくたちが魂を込めた商品は誰のためのものなのか。

そんなことが頭をグルグル回って、やっぱり身近な応援してくれている人たちに届けたいと思った。海外セレブなどの超富裕層の何十着、何百着もあるなかの一着ではなくて、身近な人たちが持っている何着かあるうちの一着になれるほうが、ぼくは嬉しい。そしてその一着を届けるときには、しっかりと生産してくれた人たちの顔が見えるようにしたい。どこの誰がつくったかわからない衣服は、もしかしたら、どこかの世界で児童労働の問題や人権の問題を引き起こしているかもしれない。ぼくたちがつくるブランドは、そんなアパレル業界の、いわば闇のような部分に切り込んで、一筋の光を差し込むことができる。どうせやるなら、革命を起こすくらいの気持ちでなければいけない。世界を変える革命家が、目の前のたかだか何百万かくらいの契約に飛びつくのは、あまりにダサすぎる。そんなことを考えて、うまくいっていた商談をすべてキャンセルした。

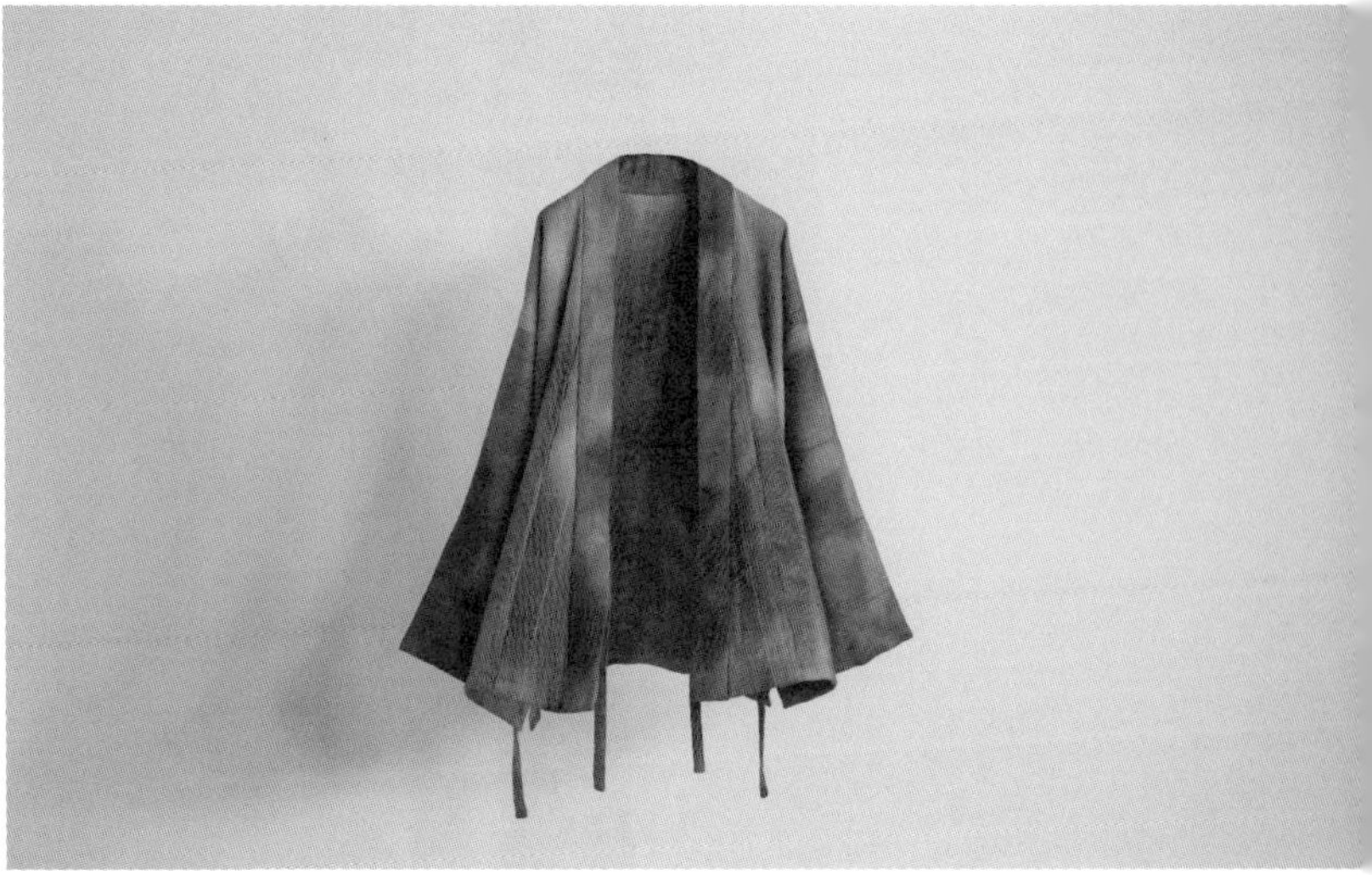

▲フランスで賞賛の嵐を受けた作務衣

フランスから格安航空を乗り継いで
もう一度トーゴへ入った。

GO
TO

TOGO

フランスでの商談がまとまった先を想像してみても、職人や助けてくれた仲間の表情が見えてこなかった。いまや、ぼく一人の仕事ではない。みんなでつないできた仕事だ。だからこそ、ぼくにはもう一度、つくっている人たちと会う必要があった。トーゴという国を、もう一度知る必要があった。

第二節

トーゴで出会う仲間たち

想像力を働かせること

　素材を倫理的に調達するということについて、もっとこだわりたいと思った。生産者の顔が見えるように、そしてその人たちが報われるようにして、お客さんに届けたい。そのためには、トーゴの産業構造や雇用環境をもうすこし具体的に把握しなければならないし、コットン生産に関わる情報を集めなければならない。他にも現地法人のマネジメントなど、やらなければならないことは山積していた。

　トーゴを中心に住むエウェ族の手仕事にフォーカスしてここまで進めてきて、気づいたことがあった。それは、ぼくたちの身の回りに溢れている商品が、あまりに安すぎるということだった。大きな資本力があって、スケールメリットを発揮したとしても、ありえないほどの金額で出回っていることが結構ある。そしてそのことに、ぼくを含めて多くの人が違和感を覚えないのは、商品の生産プロセスを見なくてもいい仕組みになっているからではないかと思った。なんなら、これまでぼくは激安になっている商品を見て気分が高まっていたが、いまとなっては、こんなに安くして果たして生産者は報われているのかと、すこしだけ想像していたりする。

想像しなくていいのは、ラクだ。ぼくの周りはそれほどお金を持っている人は多くないから、安いから買うのは仕方がないことだ。しかしその積み重ねが、どういったことにつながっていったかは、学ぶべきだとぼくは思う。

たとえば2013年にファッション史上最悪とされる事故が、バングラデシュ・ダッカにある商業ビル「ラナ・プラザ」で起きた。このビルには安価なアパレル商品をつくる縫製工場があって、耐震構造に問題を抱えていた。事故の直前には警察から退去命令が出ていたにもかかわらず、「可能な限り多く、そして安く」とその場での生産が続けられ、ビルが崩壊した。この事故では3,600人以上の死傷者が出たという。事故自体は遠い国で起きたことかもしれないが、その事故を助長したのは、そういうサプライチェーンをつくってきたアパレルブランドであり、そこから購入していた消費者でもあった。

ぼくたちが提供する商品は、どのようにして生み出されたのかをもっと語れなければいけない。そしてそれが誰かの悲しみのうえにあるものではないことを証明したい。今回のトーゴ出張は、ぼくたちが築いているサプライチェーンの透明度を上げることも目的のひとつだった。ぼくはアフリカ布の原材料となっているコットンについて、もっと体系的な情報を得たいと思っていた。

コットン工場への珍道中

首都ロメで、商工会議所や農林水産省、起業家支援の組織などを訪問して、コットンに関わる情報を集めた。しかし複数の組織を渡り歩いたが十分な情報を得ることができず、踏み込んだ質問をすると「あとはGoogleに聞いて」というような答えが返ってきた。でもぼくはどうしても諦めきれず、あたりを歩いているまちの人たちに聞き込みをすることにした。怪訝そうな顔をされながらも4時間ぐらい調査を続けたところ、トーゴにコットン工場は5ヵ所あって、そこでさまざまな情報をまとめているということを突き止めた。工場があるのはノチェ・アタパメ・ブリタ・カラ・ダパオンという5つのまちだった。

どのまちにも行ったことがなかったが、現場に足を運んで掴む情報がいちばん価値が高いと思った。初めての土地に行くのは、もちろん不安もある。しかし、やれるところまでやらないと後悔が残る。ぼくはリシャを連れて[*01]、パリメから乗り合いタクシーで2時間半のところにある、アタパメというまちをめざした。アタパメへは片道500円程度で、そこに続く道は、舗装されていてとてもきれいだ。

ギュウギュウ詰めの車内、足が折れそうになりながら運転手に行き先を伝えてコットン工場へ直行した。そこにはアタパメ地域のコットンが集積されていた。それがどのような加工をされているのか、設備はどのようなものがあるのか、またそこではどのような情報が管理されているのか、そういったことを見聞きしたかったのだが、門前払いをされてしまった。外国人が来る場所ではないと、懇々と諭されたが、もちろんこのまま帰るわけにはいかないので食い下がり、なんとか「アポイントメントの承諾書を持ってくれば通してやる」というところまでこぎつけた。その承諾はどこでどのようにして取得できるのかと問うと「自分で考えろ」とのことだったが、ぼくに考えられる頭があるわけないので、知ってそうな人を探すことにした。工場前の大通りで、バイクの運転手や行き交う人に聞いて、「知ってそうな人」をつないでいきながら、キー

*01 リシャと二人っきりで移動するときには、窓ごしに見える畑や施設について質問をして答えてもらうことが多い。そうはいっても、いつでも話し続けているということはなく、お互い静かにしていることもある。ほかの人といるときはスイッチを入れて話すのだけど、リシャといるときは自然と無言の時間も心地がいい。

マンと思われる謎の人物に会うことができ、工場訪問の申請書を書いてもらうことに成功した。

そうして、まるでRPGゲームのように困難をクリアして、謎の人物に書いてもらった申請書を、コットン工場へ持っていって承諾を得ようとした。しかし、アポイントメントが確定するのは「1週間後か2週間後か1ヵ月後だ」と言われて、その場でしばし立ち尽くしてしまった。

まだできることはあるはずだと考え直して、ぼくは直接、コットン農家を訪問することにした。もちろんあてはない。手当たり次第にバイクの運転手に聞いて、農家を訪ねて回ることにした。そして、コットン農家にこちらの気持ちを伝えたうえでヒアリングの協力をお願いすると、何人かの農家が快く引き受けてくれた[*02]。コットンは1キロ40円程度で取引されていて、それは決して十分な金額ではないけれど、その場しのぎできるだけのお金にはなるという。もちろん、年によって収穫できる量も変わってくるので収入は安定しないが、コットン関係以外に仕事があるわけでもないから仕方がないという、ざっくりそんなことを聞き取った。

*02 アタパメはコットン農家が非常に多い地域で、5つあるコットン工場がある地域のなかでも、一大生産地といっていい。ぼくが訪問したときは、収穫シーズンが終わっていたので、比較的ゆったりしているようだった。「コッコリ」というお菓子を出してくれて、じっくりインタビューしたあと、農場にも連れて行ってくれた（コッコリの味はふつうだ）。

頼りになる仲間たちとの出会い

話をまとめているうちに、もっと大局的な視点で情報を整理しなければならないことに気づいた。それはずっと遼介から言われていたことだったが、やっとその意味がわかった。情報をもっとイメージしやすくするにはベースとなる地図が必要だったが、そのような地図は首都のマルシェにも売っていなかったし、誰に聞いても答えが返ってこなかった。そのときにはもう日が暮れてしまっていた。ついでに途方にも暮れてしまって、ぼくは不完全燃焼でアタパメを去った。

パリメへ戻り、これからどうしようかと悩んでいた矢先、いつも宿泊していた「Agbeviade」でたまたまヘルガーさんというドイツ人の方と知り合った。彼女は御年75歳、長年にわたり弁護士として環境問題や労働問題を専門に法廷で闘ってきた人だ。ヘルガーさんは、数十年前に友だち3人と旅に出て、行き着いたトーゴに惹かれた話をしてくれた。定年退職し、お子さんも独立したタイミングで、再びアフリカ行きを決意。「トーゴに呼ばれている気がする」という理由で、70歳くらいから現地で国際協力の組織を立ち上げたりしているスーパーパワフルクレイジーおばあちゃんだった[*03]。

*03 ホテルの中庭で、灰皿を山盛りにしてタバコを吸っているところに出くわした。どちらからともなく会話をして、気づいたら仲良くなった。ヘルガーさんは、大好きな小説を夜にも読めるように、ホテルの自室の照明を見たこともないものに取り換えていた。レゲエも好きで、ボブ・マーリーの息子、ジギー・マーリーがお気に入りだ。

彼女に「行き当たりばったりやからそうなんねん」とか「もっと考えてやらなアカンやろ」とか散々に叱られて、「ここは法廷じゃないんで優しくしてください」とペコペコしながら一緒にビールを飲んでいたら、思いのほか仲良くなってしまい、ヘルガーさんの友だちで、活動のパートナーでもあるヤッサンという青年を紹介してくれた。ヤッサンは首都にあるロメ大学でドイツ語を学んだあと教師になり、ヘルガーさん支援のもとドイツに渡って、国際協力や開発経済などを学んできた。将来は政治家になりたいと照れながら話す彼は、トーゴの現状を変えようとさまざまなアクションを起こし、そして幾多の失敗を重ねてもなお、目が輝いているような人だった。そんな彼に悩みを打ち明けると、ヤバいくらい親身になって相談に乗ってくれた。

ヤッサンは、いろんな関係筋に電話で確認を取りながら、とあるＮＧＯの代表から、まさにぼくたちが求めていたベースマップを調達してきてくれた。そこにはトーゴにある県の位置関係と人口分布、それから年間を通じたエリアごとの気候まで、いろんなデータが盛り込まれていた。このベースマップがあれば、これまで蓄積してきた情報と、これから得ていく情報を建設的に組み立てることができる。そしてそれは、会社を前進させてくれる超重要リソースとなりうる。満天の星空の下、今度はヤッサンを交えて、ぼくたちはビールで乾杯した。

それからヤッサンは参考になりそうな大量の論文やレポート、WEBサイトなどを調達してきてくれた。だからトーゴ出張の終盤戦は、ひたすら辞書を片手に翻訳作業にあたるという、フィーリングだけでやってきたぼくにとっては、かなり厳しい課題に挑戦していた。暑さに意識が朦朧としながらも、読み取れることをベースマップに落とし込んでいった。顔面から汗が噴き出して、辞書やメモの紙をフニャフニャに滲ませながら、ぼくは日本人が初めてリーチするであろう情報に対峙していた。

トーゴを訪れるのは3回目であったが、初めてトーゴを見るような感覚があった。これまで見えていなかったか、見ようとしていなかったか、おそらくその両方だと思うが、いかに自分がなにも知らなかったかをまたしても痛感することになった。ぼくはいままで、トーゴを含めたアフリカ、もっといえば、発展途上にある国々のコミュニティに、日本では薄れてしまっている豊かさがあるということを学生時代から発信してきた。でもそれを強調して発信することは、事実であっても真実を曲げてしまう可能性がある。

調べれば調べるほどに、彼らの生活は厳しかった。その日、食べていくだけで精いっぱいだった。だから今日という一日を懸命に楽しく生きようとするし、みんなで体を寄せ合うのではないか。もしぼくが明日、生き延びられるかわからない(あるいは考えられない)として、今日を生きるならば、ぼくは彼らと同じ振る舞いをするだろう。シンプルに、周りの人たちと楽しい時間を過ごしたいと思うだろう。

彼らの今日を楽しく生きる姿を見て、日本にはない豊かさがあるというのは明らかに説明不足だ。なぜなら、歩いて2時間のところにある学校へ向かう多くの子どもたちがいて、100人くらいの生徒がひしめき合う教室で、先生は生徒を覚えきれないから学力のボトムアップを図れないし、医師免許をもたないドクターが公然と病院にいて、首都の病院であっても十分な医療器具が揃わず、すこしの病気で手足を切断したり、場合によっては命を落とし、女性は常に虐げられる標的になり、ハンディキャップがある人への制度保障もなかったりするのだ。そのような状況にもかかわらず、なぜここの人たちは楽しそうに(見える)人生を歩めるのか。

初めてアフリカの地を踏みしめた学生時代に立てるべきだったそんな問いに、28歳にもなってようやく気づいて、自分の頭の悪さを恨むことになった。でもだからこそ、知ろうとするエネルギーだけは絶やしてはいけない。現在というのは歴史の積み重ねであり、過去を見ようとしない者には、未来を語ることはできないと思うからだ。

ヤッサンはさらに、パリメでトーゴを代表する社会起業家も紹介してくれた。その人はシャンテールといって、20年ちかくにわたって、性被害を受けた女性や、就労や教育の機会を奪われた女性たちをサポートしてきた。これまでに100人以上の女性たちを貧困状態から脱却させている。「AKLALA BATIK（アクララバティック）」という布屋を運営し、自社工場を持ってバティックを生産、さらにファッションアイテムや小物をつくって販売もしている。その売上代金を使ってサポートするという仕組みをつくってきた。

しかも、バティックになる布は色落ちしにくいものを特注している。シャンテールさんが着ていたワンピースは15年くらい着用しているらしいが、ほとんど色落ちしていない(後日、京都の職人に確認してもらうと、染色堅牢度は4級相当、日本の百貨店で取り扱えるレベルであった)。また絵柄は生活に根ざしたものだったり、思いを図案化したものだったりした。たとえば現地の人がみんな使っている生活必需品であるホウキの柄を筆として使ったり、人と人の関係性と人生の道のりを格子状に表現したものだったりした。店名になっている「AKLALA」というのはエウェ語で「白い布」という意味で、「白い布はなんにでも染まるし染められる、自分たちの意思で人生は何色にもなる」という気持ちが込められていた。そんな話を聞いて、ぼくはそのお店のファンになった。

それからシャンテールさんと、ぼくがここへ来た理由とか、なにをしようとしているのかを2時間くらい話していたら、すっかり意気投合してしまった。そして素敵な取り組みを続けてきたシャンテールさんのお店から、これから継続的に仕入れることになった。このお店にお金が循環すれば、ぼくだけではコミットできない社会的に低い立場に置かれている女性たちをサポートすることにつながる。そのサプライチェーンの一端を担えるのは、ぼくたちの会社にとっても大きな一歩となった。

ヘルガーさんとヤッサンがいなければ、こうした一歩も生まれなかった。それからぼくたちは、仕事の話だけでなく人生とか家族とか将来とかの話もたくさんした。ぼくはヘルガーさんから孫として認定され、ヤッサンからは同志だとハグをされた。

一人では行けない場所へも仲間がいれば行ける

ヤッサンのサポートはヤバい。ぼくには日本にもヤッサンという友だちが何人かいるけれど、ヤッサンという人に悪い人はいないのではないかと思う。彼はパリメ地域、ひいてはトーゴ産業界のドンとも言うべき人を紹介してくれた。ドンに、ここへ来た理由などを説明し、知りたいと思っていることを伝えると、「ところで、トーゴにおける日本の3Tを知ってるか？TOYOTA・TOSHIBA・TOSHIHARUだ！」と謎の勢いでハグしてくれるような、ユーモラスな人だ。

ドンの名はメッサンで、トーゴの都市部に清潔な飲料水を供給している大企業の社長だ。そしてメッサンからさらに、トー

▲これはちょうど孫認定されたときに撮ってもらった「家族写真」だ。

ゴ商工会議所の副会頭であるグレ・コスィ・アメテペ氏へとつながった。それからぼくは、グレ氏や詳細な情報を得られそうな人に会うため、ロメとパリメを6時間くらいかけて往復する数日間を過ごすことになった。

ロメ行きの車内、リシャがいきなり大声で「ワオ！」と叫んだ。話を聞くと、アタパメにあるコットン工場のアポイントメントが取れたと言うのだ。いつになるかわからないアポだったので、ぼくも思わず「ウェーイッシュ！（別に現地語ではない）」と叫んで他の乗客ともハイタッチをして喜んだ。

商工会議所に着いてグレ氏を待つが、約束の11時になっても現れない。秘書の方に連絡を取ってもらうと、12時に予定を変更してくれとのことで、近くのカフェで休憩して時間どおりに戻ったのだが、待てど暮らせどグレ氏は現れなかった。そして14時半くらいになって、「今日はナシで、また連絡するから」と言われてしまったのであった。こうしたことには、もう慣れっこだ。落ち込んでいる時間がもったいないので、ぼくは農林水産省へ行って情報を得ようとした。

こちらも先日、門前払いをくらってしまっていたので、どうしようかと5秒くらい考えて、受付の姉ちゃんと仲良くなって役人をつないでもらう作戦を決行することにした。ぼくは人生で最大級ぐらいのフレンドリーっぽい感じを滲みださせて、受付へと向かった。何人か受付の姉ちゃんがいて威圧感がヤバかったが、みんなに挨拶して回って、その返事のトーンから仲良くなれそうな人に直感でアタックした。といっても詳しい説明をできるくらい話せるわけではないので、「元気？ いまなにしてんの？ 大変やね頑張ってるね」とか言って、見事、コットン関係の担当者につないでもらうことに成功した。

その役所の農業経済部門で起業家支援も担当しているアラサニ・エナルジャ氏と面談して、事情を説明した。すると、ぼくが知りたい情報はロメの役所にはなく、やはりアタパメのコットン工場にあることがわかった。アタパメ工場のアポは取れていたので、「もしそこで情報が取れなかったら、そのときはまた一緒に考えましょう」と約束してくれた。そうしてぼくは、めちゃくちゃ遠回りしながらも、着々と外堀を埋めていったのだった。

何度かロメとパリメを往復して、いろんなところに顔を出してきた成果が、ようやく実を結ぶときがきた。朝イチでアタパメのコットン工場へ向かった。さすがに3日連続で下半身の感覚がなくなるほどのギュウギュウ詰めの車内に閉じ込められる[*04]のは大変ではあったが、ようやくたどり着ける情報

*04 助手席にすくなくとも2人、後部座席にいたっては5人くらいが乗り合わせる。まちとまちを移動するので、100キロ近くはずっと一緒に座っていることになる。しかも、車はずっとアクセルをベタ踏みで恐ろしく速く、運転も荒い。しかし、リシャをはじめ現地の人たちは、そんな移動もあまり苦ではないようだ。

には代えられない。2時間半くらい揺られてアタパメに到着し、セキュリティのおっちゃんから、提出していた申請書に対する返答用紙(兼入場許可書)を受け取った。しかしそこに書かれていたのは「あなたの申請は却下、ロメの商工会議所へ行くように」という振り出しに戻る内容だった。一瞬、頭が混乱したが、これは明らかに向こうの手違いだと思ったので担当者のもとへ行って説明を求めた。

ぼくは単純に、工場内の視察と、いくつかの質問をしたかっただけなのだが、内容をすり合わせると、申請書を提出する際にリシャが、これ見よがしに「これは白人を代表するビッグビジネスだ」と話を盛っていたことがわかった[*05]。そして「そういうことは国家間でやるべきで、工場は介入しない」との判断が下されたことを知った。ぼくはそのことを謝ったうえで交渉を試みたが、リシャに止められ、なかば強引に部屋からつまみ出された。リシャは権力者に物申すことを恐れていた。

ぼくは激怒した。これまでずっと、工場での情報を得るために走り回り、しかもいろんな人のサポートを受けてここまできた。それが、リシャの自己顕示欲と権力者への畏怖によって終わってしまうことが許せなかった。挙句の果てには「交渉がうまくいかないのは、トシが外国人だからだ」と言い放った。

*05 ここでは「黄色人」も含めて「白人」と形容される(前述したヨボのことだ)。一般の「黒人」にとって「白人」とビジネスをすることは、それなりにステータスがあることとされる。

そのことに対してぼくは、いよいよ我慢ができずに、思いのままに感情をリシャにぶつけた。パリメに戻り、たまたまヘルガーさんとヤッサンに会って、ぼくがリシャにめちゃくちゃ怒っているから、2人はかなりひいていた。リシャには強い口調で家に帰ってもらうよう促して、ぼくは2人に事の経緯を説明した。事情を聞いてヤッサンは、ぼくがリストアップしていたことをメモして一目散に飛んで探しに行ってくれて、ヘルガーさんは「ビールでも飲む？」と見たことないくらい気を遣ってくれた。そうしてぼくは、周りの人たちにまで迷惑をかけた。

遼介にも電話をして、状況を報告した。「それはトシハルさんらしくないですね、そらリシャがかわいそうですよ」と諭された。ことばや文化や価値観、すべてが違うぼくのような外国人と接する機会を、これまでにリシャは持ち合わせていなかった。それでも必死にぼくのサポートをしてくれている。ぼくが求めてきた多くのことは、リシャにとっては初めてだらけのことなのだ。そのことに気づかされた。「明日、絶対リシャに謝って仲直りしてください」と遼介に釘を刺された。

だんだん落ち着いて冷静になってくると、すべての責任はぼくにあるのに、なぜあのようにして怒りをぶつけてしまったのかと猛省した。ここ数日、40度ちかい熱が続いていて、ときおり強烈な頭痛と腹痛が襲ったり、知りたい情報になかなかたどり着けない焦りがあったりで、肉体的にも精神的にもキツかった。そんな状態だと、心の余裕もなくなってくるし、理性的な判断もできなくなる。

リシャが本領発揮できる環境を整えるのが経営者としての仕事であったのに、ぼくはその努力を怠った。彼はこのような交渉をしたことがなかったし、ある程度、失敗は想定できたはずなのに、それを受け止める器がぼくになかった。自分が情けなすぎて涙が出た。帰り際、ヘルガーさんに「なんで一個も薬、持ってへんねん」と、また叱られて、ドイツの解熱剤をもらった。ぼくはなんて未熟なのだろうと天を仰いだ。

翌日、ぼくはリシャと話し合った。ぼく自身、リシャにサポートしてもらっていることを当たり前に思っていたところがあった。ここまでこれたのは紛れもなくリシャのおかげであったから、まずはその感謝の気持ちを伝えた。そしてリシャと出会ったときのことや、あのときに思っていたことがちょっとずつ前に進んでいることについてありがたく思っていることを、ぼくなりに伝えた。リシャのほうも、ぼくと出会えてから未来が明るくなって、将来に希望をもてるようになってきたことについて話してくれた。

そうしてこれまで以上に、ぼくらは信頼できる仲間になった。いいチームができれば、いい仕事ができる。まだまだイケる。ぼくらはこんなもんじゃない。心強い仲間ができると、つい気持ちも大きくなってしまうのだが、そういうのもいい。日本からトーゴまで30時間ちかくかけてやってきて、グローバルでもなんでもない、個人的な喧嘩と仲直りをしたのだった。

▲帰り際、ロメの空港でボブ・マーリーの曲を弾き語りしていたおじさん。歌声が空港中に響き渡って、賑やかだった。出入国はちょっとシリアスなときもあって緊張することがあるけれど、とても明るい気持ちでゲートをくぐった。

Column

エウェ族のことば

食べ物にまつわることば

挨拶など

呼び方

数字

その他

食べ物にまつわることば

アイモロ aimoro
豆ご飯

アベリ abeli
マニョック

エチファファ echifafa
冷たい水

アクパラ akpala
魚

アホホエ ahohowe
生姜

エチジョジョ echijojo
お湯

アズィ azi
卵

アマクメ amakme
マニョックを乾燥させて粉にしたものをお湯に溶いて混ぜた主食

アタディ atadi
ピーマン

アリコ aliko
豆

エテ ete
ヤムイモ

アクメ akme
乾燥させ粉末にしたトウモロコシを湯で溶かしたもの

アリバ aliba
パパイヤ

エニョント enyonto
めっちゃいい、
めっちゃおいしい

アディメ adime
モロヘイヤのソース

ヴェイー veyi
アリコとガリの料理

エビビヤ ebibiya
おいしい？

アドロウュン adrouyn
おなかへった

ウバンバ ubamba
アイモロのソース

エベスィスィ ebesisi
魚とトマトのソース(ご飯やパスタにかける)

アビチャン abichan
なすび

エカルメ ekalme
悪くない

エンニョ enyo
いい、おいしい

アブラジョ abrajo
焼きバナナ

エジョジナム ejojinam
最高にいい、幸せ

ガリ gali
マニョックの粉

アブレメヌ abremen
きゃべつ

エチ echi
水

コッコリ kokoli
トルティーヤみたいなのを干したやつ

サロモ salomo
ある魚の中ぐらいの大きさのもの

ゾボ zobo
トウモロコシのお粥みたいなやつ

ドゥイ dui
食べて

ドエヴィ doevi
ちょい小さめの魚

ドテ dote
生姜の飲み物

ヌドゥドゥ ndodo
食べられる

ネゾンロー nezonlo
さあ召し上がれ

フェットリ fetoli
おくら

ブトコエ btokoe
ピロシキみたいなパン

ミドゥヌ midonu
食べる

モロ nmoro
米

メニョ menyo
悪い、おいしくない

レディポワ ledipwo
おなかいっぱいか？

ンドポ ndpo
おなかいっぱい

挨拶など

アイフィガ aifiga
アッダロニュイデに対する返事

アクペ akpe
ありがとう

アクペカカ akpe kaka
ありがとうございます

ウェゾン wezon
おかえり

ウェレジ welezi
よく働いてるね(相手が一人のとき)

ウドゥワ udwa
出発するの？

ウェニェタ weneta
おめでとう

エー æ
答えるときの返事(「賛同する」の意思表示に近い)

エチョアチ echoachi
明日もう一日休むの？

エッボワ ekbwa
戻ってきたの？

エブレビ eblebi
二度と来るか

エベベドナミ ebebednami
こんにちは

エレズィア elezia
働いてるの？

エレイヤ eleiya
うまくいってる？

オッボワ obwa
おかえりのフランクバージョン

ジョイー joyi
あっち行け

ソベド sobedo
元気？（その日に初めて会う人への挨拶）

アッダロニュイデ adalonuide
おやすみ

デレジ delezi
値下げして

ドソ doso
ソベドに対する返事

ドドニェニュ dodonenu
こんばんは

ドニソ doniso
ニソベドに対する返事

ドベ dokbe
ベベドに対する返事

ニソベド nisobedo
元気？（その日3回目に会う人への挨拶）

ヌティコナム nutikonam
疲れた

バ ba
来て

フィエイ fieyi
夜

フィカレユ fikaleyu
どこ行くの？

ベベド bebedo
元気？（その日2回目に会う人への挨拶）

ミウォバ miwoba
終わった？

ミバ miba
みんな来て

ミボナ doniso
みんな行く

ミャオレジ myawolezi
よく働いてるね(相手が複数のとき)

メベナリ mekbenali
用件を伝えるとき、強調したいときに使う枕詞

ヨー yo
答えるときの返事(「ありがとう」に近い)

ンド ndo
正午

ンディナミロ ndinami lo
こんにちは(正午に出て行くとき)

ンデクク ndekuku
お願いします

ンネンネユ neneyu
いくら？

ンボナ nbona
いま行く

ヤトフル　yatfulu
どこかへ行く

呼び方

イェ　yie
彼、彼女

エウォ　ewo
あなた

ニェ　nye
わたし

ミャオ　myawo
あなたたち

ミャオエ　myawoe
わたしたち

数字

デカ　deka
1

エヴェ　ebe
2

エット　et
3

エンネ　enye
4

アットン　aton
5

アデ　ade
6

アンドレ　andole
7

エンニ　enni
8

シェケ　syeke
9

エウオ　euwo
10

その他

アヴォ　avo
布

アウー　au
シャツ

アチ　achi
木

アチップロン　achiplon
木の椅子

アッドンゴロ　adongolo
トカゲ

アップロン　aplon
テーブル

アディデビ　adidebi
アリ

アディ　adi
固形石鹸

アハ　aha
ビンの飲み物

アフォパ　afopa
サンダル

アホメ ahome
家

オリェニャヌ oliyenyan
洗濯する

ホロニ holoni
わたしの友だち

アメイボ ameyibo
黒人

コッコロイボー kokoloyibo
黒い鳥

マイガゼ mayigaze
うんこ

アメジョロディジェベ amejolodijekbe
ホテル

マダアディド madaadido
おしっこ

アリエスィト aliesito
液状の石鹸

コッコロヘー kokolohe
白い鳥

ミレオド mil̊eodo
働く

ウントゥビ umtubi
ビンの蓋

サフレ safle
鍵

ヨボ yowo
白人

ヴィレ wile
ちょっと

セリ seli
親友

ロバ loba
袋

エスボ esbo
たくさん

ソソレ sosole
暑い

ロバズィペ lobazipe
プラスティックの椅子

エセム esem
難しい

ノヴィオ nowiwo
あなたの友だち

ンドゥペ ndukpe
レストラン

エンモ emmo
バイク

ベレカ beleka
一日

ンドド ndodo
服

オソゾ osozo
停電

フィアセ fiase
店、屋台

ンドクトゥ ndkto
太陽

▼行列のできる人気屋台。老若男女問わずここを訪れる。

別な写真ではないけれど、ぼくが過ごしたトーゴの「いつもの景色」。普段、歩いていた道。

◀その瞬間その場所にいる人たちと全力で楽しむのが、ぼくのモットー。この写真を撮ったとき、慣れていないイベントで実はヘロヘロだった。

◀トーゴから持ち帰った布を、西田さんの工場に持ち込む。どのように染めるかは、頼れる人たちを連れて行って、みんなで考えた。

▲西田さんの手仕事には、心を動かす魅力がある。

第三節

みんなが笑って過ごせる世界をつくる

ハンカチーフづくり

奔走し続けてきて、ようやくぼくたちは、展開していく商品を確定することになった。記念すべき第一弾の商品は「ハンカチーフ」をリリースすることにした。フランス出張で、これまでぼくたちがつくってきた作務衣は、ほとんどの人には手が届かないものになってしまった。誰に、なにを、どのようにして届けるか。本来なら、そういうことは事業を始める前に考えておくべきだったが、このタイミングだからこそ、その意味をよく考えることができた。

ぼくたちの挑戦は、クラウドファンディングからスタートした。その最初の挑戦を思い出して、どのような人に応援してもらってここまでこれたかということを振り返った。その人たちに、引き続き応援してもらえるものをつくりたい。たとえば、飲みに行くぐらいの値段で、いい世界につながる商品を届けられたら素敵だ。そしてなにより、応援してくれる人たちの身近なものがいいと思った。

身近な人の、身近なもの。考えついたのは、ハンカチーフだった。トーゴで出会ったエウェ族と京都の職人がコラボしたハンカチ。エウェ族の伝統的な染物でつくるポケットチーフ。この二つをラインナップすることにした。ハンカチは言わずもがな出かけるときの必需品であるし、ポケットチーフは、ネクタイとともにビジネスシーンでもオシャレができるアイテムであるから、これまでお世話になった人たちにも、自信をもってオススメできる。ハンカチは京都で西田さんに染色してもらっている。その「失われゆく」一流の手仕事をアーカイブする役割もある。ポケットチーフはシャンテールさんのところから仕入れた布を使っている。社会的に弱い立場に身を置かざるを得ない人たちをすこしだけ、でも確かに、サポートできるものとしてある。小さなことでしかないかもしれないけれど、かつて友だちと約束した世界へ踏み出す大きな一歩として、魂を込める価値がある。

インターネットですべてがつながっていく、そんな時代にあって、ぼくたちは手作業でアフリカと日本をつないでいる。トーゴ共和国・エウェ族の手織りの布や手染めの布、京都の職人による伝統技術。培われてきた手作業のものには、魂が宿ると思う。根拠はない。でも長年のあいだ蓄積されてきた文化や技術は、誰も否定することはできない。ぼくたちはそこに価値を見出している。

何に価値があって、何に価値がないという話ではない。それは何を信じるかということにちかい。ぼくは彼らの仕事を信じているし、信じるに値するだけの営みを、確かに見てきた。現場へ足を運び、肌で感じて、小さい脳みそをいろんな人たちに補ってもらいながら、一つひとつ確認してきた。だからこそ、提供する商品には自信がもてた。

いつの時代も、人の気持ちを動かせるのは人の気持ちだけだと思う。遠いアフリカの地で会社をつくろうとしたとき、ことばも文化も肌の色も違う人たちと折り合いをつけて物事を前に進めていくのは、それなりに大変だった。でも何に笑って、何に怒り、何に泣くのかは、あまり違わなかったりした。そういうことを経験してきた商品だったら、なにかが動くかもしれないと思う。彼らの手仕事で、いい世界がつくれるということを証明したいと気持ちをアツくした。

諦められない理由を自分のなかにもつこと

　人の縁というのは不思議だ。いつもお世話になっている中田さんの粋な計らいから、京都のある会社の営業部長と商談する機会を得た。そしてＳＤＧｓ（Sustainable Development Goals 持続的な開発目標）へのアクションとして、ぼくたちの商品を活用してもらえるよう社長に話をあげてもらい、ぼくたちの商品をノベルティとして採用してもらうことになった。

　これまでの経緯とぼくたちについての話を部長にすると、「キミみたいな人に出会えて嬉しい」と固く手を握られた。ぼくは目の前の人に喜んでもらえることが、こんなに尊いことだと知らなかった。ここまで一緒につくりあげてきた人たちの顔とか、アフリカの炎天下で土を掘り続けたシーンとかがフラッシュバックしてきて、喫茶店で涙が止まらなくなった。悲しくないのに涙が出たのは久しぶりだった。

　そんな体験をして、ぼくはこれからも鳥肌が立つほうを選びたいと思った。フランスの有名ブランドと一緒に仕事ができる喜びよりも、目の前の人にしっかり届けられる喜びのほうが大きい。そういうやり方で、どのようにして事業を前進させられるかを考えたいと思えた。商談はいつのまにか人生の話になって、最近ぼくが父親になったこととか、部長にはぼくと同じくらいの息子さんがいることとか、そんな話をした。そしてぼくたちは、いい未来を残したいと強く願う仲間になった。

これまでの苦労が報われるようだったけれど、やはり人生はそんなに甘くない。もうほとんど資金は尽きていたから、ホームページを徹夜で自作した。ポケットチーフは税抜三五〇〇円～四五〇〇円、ハンカチは税抜一〇〇〇円に設定してリリースした。身近な人の、身近なものとして落とし込み、それが日本から遠く離れたアフリカのトーゴという国の未来を、すこしだけ明るくするサプライチェーンを築いてきた。前職を辞めてから一年くらいかけて、ここまで死ぬ気でやってきたからそれなりに自信があった。しかし予想外の展開が待ち受けていた。

いざ公開すると、その日の問い合わせはわずかに一件だった。応援メッセージはたくさんもらったから元気はみなぎっているものの、まじでヤバい状況だった。一年ちかくかけて盛大なコントをしていたのではないかと思うくらいの結果に、ことばを失った。予想を遥かに超えて、心地よささえ感じた。

妻に状況を説明すると「最初やしそんなもんちゃうの」と悟りを開いたかのような声

をかけてくれて、ぼくを落ち着かせてくれた。よくよく考えると、確かに一回こうしてホームページで発表したぐらいで反応があるほうがおかしい。そのときに手づくり市に出店側で参加したときに学んだことを思い出した。隣のわらび餅屋さんは悪天候にもかかわらず行列ができていて、店主に話を聞くと、一〇年くらいは全然お客さんが来なかったという。大切なのは続けることだと、その店主は教えてくれた。

そんなエピソードを思い出して、自分を奮い立たせた。これは動いているからこそ感じられる逆風だ。逆風も、振り向けば追い風になる。どこかで聞いたような名言に励まされたりした。気持ちを切り替えてスーツに袖をとおし、ぼくは営業に出た。経営者として、ぼくは生後九ヵ月の赤ちゃんであるから、こういうときは大人に頼るしかない。学び場とびらへ行くと、ぼくのヤバい状況を笑いものにする悪い大人たちが親身に話を聞いてくれて、数々の的確なアドバイスをしてくれたり、商品を買って宣伝してもらうことになったりした。そしてやはり、ぼくはオンライン向きではないという結論になって、草の根的に泥くさく外回りし、京都や大阪を中心にいろんな人と膝を突き合わせて商品を届けていった。

創業してからおよそ一年。ようやく日本の法人でも売上が立った。売上ゼロでよくここまで生き延びたと思う。クラウドファンディングで応援してもらった皆さんや、京都信用金庫の皆さん、アフリカ起業支援コンソーシアムの皆さんからのバックアップがなければ、とっくに終わりを迎えていた。事業をしていると、周りの人たちに生かされているということが骨身に沁みてわかる。

そんな日々は、ツラくもあるが楽しくもある。ダイレクトな喜怒哀楽の気持ちや、白黒はっきりさせることのできないようなグラデーションがある気持ちを表現して、商品をつくりあげる。それはもちろん一筋縄ではいかないし、なかなか目に見える結果にはつながらなかったりもするのだが、それこそが人生を彩ってくれるのだと思う。そしてそれは、どれもかけがえのない体験となって、またぼくの背中を押してくれる。だからまた、ぼくは前を向きたいと思う。

やってみて思うことは、手段を選ばずお金を稼ぐだけなら、難しくないということだ(どの口が言うとんねん)。いまやいろんなツールが市場にあるから、起業すること自体のハードルは、想像するよりも低い。しかしそのプロセスを間違うと、なにか困難にぶつかったときに簡単に折れてしまうのではないかと思う。ぼくの場合、売上を立てるまで死ぬほど時間がかかってしまったが、どのシーンを切り取られても、恥ずかしくないプロセスを踏んできたつもりだ。問題は山積しているが、いまのところ諦める理由はどこにもない。一方で、諦められない理由はたくさんできた。大切なのは諦められない理由を自分のなかにもつことだと、学生時代の先輩に教えてもらったことが、このとき胸にストンと落ちたのだった。

ポップアップストアへの挑戦

大阪・梅田から早歩きで五分くらいのところにある中崎町で、ポップアップストアを二日間限定でオープンすることにした。中崎町は妻とよくデートに行ったところであり、遼介が学生時代に研究していたエリアでもあったから、なかば運命的な場所での開催だ。夫婦でお世話になっているサロンの店主に事業の進捗を報告していたら「ちょうど一階のテナント空いてるから使っていいよ」ということになって開催する運びとなった。だから運命的であると同時に、奇跡的でもある。

いろんな人にアドバイスをしてもらい、商品はポケットチーフだけでなく、ランチョンマット、タペストリーも用意した。商品を一緒につくりあげた職人さんたちの顔が見えるパネル展示もしたのだが、その準備をしていると世のアーティストたちは本当にすごいと思った。いままで気軽に個展やギャラリーを見に行っていたが、その舞台裏には大変なことが目白押しであることを知った。そんな初めてのことばかりで、いい緊張感と不安感のなか、ポップアップストアがオープンしたのであった。

当日は日本初開催のG20サミットで、史上最大規模の警備がおこなわれていて、しかも大雨だったにもかかわらず、店内はお客さんの熱気と優しさに溢れていた。これまでお世話になった人たちが、全国各地から駆けつけてくれたのだ。来店できなかった友だちからは、花が届いた。数えきれないほどのお客さんから、たくさんの差し入れをもらって、一〇二リットルのスーツケースは、皆さんからの差し入れでパンパンになった。ぼくは幸せ者以外の何者でもなかった。用意した商品は、ほぼ完売。デザインによっては、しばらく待ってもらわなければならないほどの注文を受けた。売上は予想の三倍を超えた。これは大成功といってよかった。

途絶えることなく接客をしていたから、口はパサパサ、足はガクガク、まぶたはピクピクしていて、ほとんど立っていられないくらいだった。帰宅してすぐに、遼介と三合分の白米をかきこんだ。インスタントカレーが、あれほどおいしく感じたことはなかった。このあいだの冬、ぼくたちは会社の全財産をスーツケースに詰め込んで、東京で目の肥えたバイヤーたちにぶつけてきた。しかし思うような結果は出ず、いろんなことが噛み合わない悔しさを経験した。あのときの悔しさをバネに、アクションを起こし、知恵を絞って進んできた。フランス・パリ市内を徒歩で駆けずり回り、トーゴをギュウギュウ詰めの乗り合いタクシーで走り回って、何度もミーティングを重ねてきた。東京の寒空の下で惨敗を喫したぼくたちは、雪辱を果たした。大阪の夜空を見上げて、ぼくは小さくガッツポーズをした。

今回の挑戦で限界を感じることも多くあったが、一方で、新たな可能性も垣間見えた。大きな希望となったのは、「トーゴ×京都」の商品が予想以上に好評を博したことだ。これまでやってきたことは間違っていなかったと、証明できたような気がした。まだまだ改良していく余地はあるが、確かな手応えを得られたのは良かった。

そしてもう一つ、可能性を感じたことがある。実は販売に際して、かなり実験的な試みをしていた。ラインナップした一部の商品に価格を付けなかったのだ。お客さんに値段を決めてもらって、それがいくらであろうと、お客さんの言い値で販売した。結果として、予想した金額(それは原価を下回る金額だった)よりも高値で取引され、企業として継続していくのに適正な価格でお客さんに届けることができた。

ぼくたちは、たとえばショッピングモールで売られている商品の価格を一方的に受け取るのみで、それがどこから来たのか、誰がどのようにしてつくったのかを想像する機会は極端に少ない。だから多くの人たちにとって、値段の安さが決定的に重要になる。生産者が報われているかとか、適正なサプライチェーンを築いているかとかは、さほど気にしなくてもいいシステムになっている。もっといえば、その商品が誰かの悲しみのうえにあったとしても、大して問題にならないようになっている。そこに対して小さくても挑戦したくて、値段を付けなかった。

この試みは、予想外にも事業の持続可能性を示すことになった。誰一人として、原価を下回る価格を付けなかった。そのことが語るのは「もっとお客さんを信じていい」ということだと思う。考える機会さえあれば、たとえその相場感がわからなくても、目利きができるだけのスキルを、お客さんはすでに持ち合わせている。それはぼくたちのような、巨大な資本をもたない企業にとって、かなり嬉しいニュースだった。

だからこれからすべきことは、臨場感のある情報を提供し続けることだ。どこの誰がどのようにしてつくっていて、それが届けられることによって、どのようなことが起こっていくか。もっとリアルに、息づかいを感じられるほどに伝えていく必要がある。それは一つのことばかもしれないし、一枚の絵かもしれないし、一本の映像かもしれない。そのデザインの構築に、ぼくは活路を見出した。

丸めてみたり広げてみたり

ポップアップが終わって、しばし放心状態になりながらも、遼介と怒涛のように過ぎた二日間を振り返った。そのときのベストをぶつけたおかげで、反省点も明るみになった。足を運んでくれた人の多くは、これまでの挑戦をブログなどで見てもらっていたこともあり、商品となったものを吟味してもらわずに購入してもらっていた。つまり、ものの価値とは違うところを見られていたということだ。それは昨今いわれているような、「商品はストーリーで販売すべし」とか「モノ消費からコト消費へ」というようなことではない。ぼくたちはもっといい商品をつくらないといけない。

そう思えたのは、前職時代の恩人である支店長（草引きをしてた人）が来店したときの様子が、明らかに多くの人と違ったからだ。支店長は一つひとつ、じっくり時間をかけて、ぼくたちがラインナップしたものを見ていた。早い人で五分か一〇分くらいのところを三〇分以上にわたって、素材の手触り感や、その見栄え、丸めてみたり広げてみたり、肌にあててみた感覚などを確かめていた。そして首をかしげながらまた、商品を手に取って、じっと見ながら、なにか考えている様子だった。そしてしばらくして、「こんな柄やったら帯ええやん。けどもし使うなら帯より風呂敷やな。そんなんでけへんのか。それやったら生活のなかで取り入れられるかもしれんなあ、うん」とぼくに声をかけたのだった。

遼介はその一部始終を見ていて、「あれが今回のいちばんのハイライトかもしれんで、あれは嬉しかった」とつぶやいた。支店長はものとしてのポテンシャルを最大限に引き出そうとしていた。どういうシーンで、どういう人たちに喜んで使ってもらえそうか。そんなシンプルなことを突き詰めて考えてくれていたことが、ビンビンに伝わった。ぼくたちが見据えるべきは、ストーリーだけでなく、ものとしても胸を張れる商品だ。そんな方向性を明確にできた。

ぼくたちの新しい挑戦

既存の商品や取り組みなどを調べていて、いちばん引っかかったのは、かわいそうで恵まれない状況を謳わなければ商品やサービスがアピールできないことだった。それらを提供する目的は、おおまかにいえば、貧困を解決することなのだが、先進国と途上国の関係を前提にしなければ商品展開できないことに違和感があった。実際にぼくたちの事業でも既存の枠組みに当てはめて挑戦を重ねてきた。しかし先進国や途上国という概念を超えて、フラットな関係性を見出すことは難しかった。アピールすればするほど、皮肉なことに、その「上下関係」の構図が固定化してしまうような感覚があった。

企業と社会の関わり方について、これまで二つのことばが取り沙汰されてきた。一つ目は、二〇〇〇年代の初頭に重要視されるようになったＣＳＲ（Corporate Social Responsibility 企業の社会的責任）という考え方だ。それはたとえば、ゴミ拾いをしたり、木を植えたりして、企業利益を社会に還元し、企業イメージを向上させる取り組みであったりした。それから二〇一〇年代に入って、ＣＳＶ

（Creating Shared Value 共通価値の創造）という考え方が提唱された。それはたとえば、社会的な課題をビジネスで解決していくことであり、途上国の貧困を解決しようとする組織などが採用している戦略だと思う。

しかし、ぼくが現場に足を運びながら、また実践して体感するなかで、この社会的な課題をビジネスで解決していくスキームも、アップデートできるのではないかと思うようになった。しかも、そうした概念は一見して一〇年ごとぐらいに出てきているから、そろそろ次の考え方が出てきそうだとも思っている。ぼくが着目している概念は「関係性」だ。おそらく、先進国と途上国という関係性、健常者や障害者という関係性が、限りなくフラットになるか、見えなくなると思う。その兆しはすでにある。たとえば、数字だけでは測ることのできないようなモノサシへと、人々の関心がうつっているし、障害者がもつ個性や強みにフォーカスするような取り組みが登場してきている。

そこでぼくが考えたのは、ＣＥＲ（Creating Equal Relationship 対等な関係性の構築）というような概念だ。アフリカの貧困問題を、企業としての差別化戦略として採用するのではなく、あくまで商品やサービスの「ワクワク感」を提供することによって課題を解決する。もちろん、トーゴという国の八〇〇万いる人口から単純に計算すれば六割は貧困層で一割が障害者(このふたつの属性は、多くの場合で重なる)で、十分な教育と就労の機会がないという課題があり、現地の友だちがそのせいで何人も亡くなっているのを見逃すわけにはいかない。だからぼくたちの事業では、誰も悲しむことのないように、倫理的なサプライチェーンを築いてきた。しかし、そうしたことに配慮するのは会社として当たり前であって、わざわざ謳う必要もないと思うようになった。ぼくたちがお客さんに提供するのは、もっと楽しくてワクワクするもので、結果的に課題を解決してしまっているスキームのものだ。

一着の服を旅してつくる

そんな観点からたどり着いたのが、お客さんの体験のなかに、ぼくたちの事業を組み込むアイディアだった。お客さん自身がトーゴへ行き、現地の生活を楽しむとともに、自分が着る服の布を調達してもらう。帰国後、京都の職人による染めの技術を、肌で感じる。その体験を纏うファッションには、それぞれのお客さん自身の感性が宿る。アフリカ最貧国の地で感じる文化は、これまでの「アフリカの貧困」とはイメージが違うかもしれない。京都の職人の工場では、確かに高齢化が進み、後継者が不足しているという課題はあるけれど、もっとそこにある価値のほうに目が向くかもしれない。生活の基盤となる衣食住の「衣」の延長に、そんな体験に紐づいた知識があれば、そこからいろんなアクションにつながっていくかもしれない。そんな可能性を秘めたプロセスを、ファッションに込めたい。

京都の職人に「重彩染（じゅうさいぞめ）」という染め方があることを教えてもらった。その名のとおり、彩りを重ねる染め方だ。この技術を使って、トーゴのビビットな彩りに、京都の彩りを重ねたい。ぼくは「重ねる」ということばがすごく気に入った。トーゴにお客さんを連れていくというアイデアのなかで、トーゴの人たちの生活、京都の職人の技、こうしたものが地続きのものとして存在していることが直感的にわかるような気がするからだ。それだけではない。お客さんそれぞれが自分なりに行動してみて、現地で布を選ぶ。そうした体験さえも重ねて、その布は染められていく、そんな風景が頭に浮かんだ。

就職活動に悩んでいる大学生がいて、一緒にトーゴへ行ったところ、帰国後の彼のアクションは驚くほどポジティブになっていた。彼はいま、京都の職人になろうとしている。その選んだ道が正解かどうかはわからない。でもぼくは、そんな彼を見てよかったなと思った。きっと迷いながらも、一歩一歩を踏みしめていくのではないかと思う。

彼から学んだのは、知識と体験を紐づけることの大切さだった。おそらく、多くの人はたくさんの知識をもっている。それは書籍を読み漁ったり、勉強会に足を運んだり、スマホをフリックさせたりして、過多といっていいほどの情報や知識を得ている。でもそれに相応する体験を持ち合わせていないのではないかと気づかされた。五感を研ぎ澄まして、肌で感じることが、とくにこの時代においては不足してきているのではないかと思った。

逆にいえば、いま持ち合わせている知識に体験が伴ったとき、いろんなことが動き出すのではないかとも思えた。アフリカには、なにかある。少なくとも、大学生の彼と、かつて大学生だったぼくには、なにかあった。それは現地に入って肌で感じたなにかが、日本での生活を見つめ直したり、立ち止まって考え直すきっかけを与えてくれているのではないかと思う。いろんなことをモチベートできるなにかが、体感のなかには隠されている。

何度でもトーゴへ

ほとんどなにもないなかで、金融機関を退職してアフリカ・トーゴ共和国で起業することを決めた。いままでやってきたことを、もう一度やれと言われても無理だと思う。再現性がないのはビジネス的には微妙なのだけれど、そんな奇跡の連続でここまでやってきた。たまたま出会えた人との刹那的な時間のなかで、温度感が高まる感覚を大切にしていたら、創業当初には想像できなかったところまでくることができた。京都とトーゴにぼくたちの会社ができて、現地では提携先が七つにまで広がった。ゼロから始めたものづくりは販売までの一連の流れを経験することができただけでなく、モードの最高峰であるフランス・パリでも確かな手応えを得ている。驚くべきことに、これらすべてにおいて、ぼくは他力本願を貫いてきた。やってみたいことは思いつくのだが、自分にスキルがなかったり、お金がなかったりすることが多すぎて、誰かを頼らざるを得なかった。おかげさまで、未だにぼくはなにも持ち合わせてない。だからこれからはなにか身につけたいと意気込んでいたのだが、すこし考えて、やはり一人でできることには限界があるからいいチームをつくってみんなでやろうという、いつもどおりの結論に至っている。

学生時代、アフリカへ行ったことからすべては始まったと思っていた。でもこうして振り返ると、小学校のときにみんなで戦ったドッジボールで、人生で初めてチームプレーというものを体験できたりとか、高校時代に胸を張って青春と呼べる時間を過ごしていなければ、学生時代に一歩を踏み出そうと思わなかったかもしれない。一歩を踏み出したとしても、社会人になると、良くも悪くも現実を突きつけられる。毎日の生活や、将来のこと、そういったことを考えると、余計に不安になる。

でも人生には、ゆずれないものがあったりする。うまくことばにできない、グラデーションがあるような気持ちのなかで、無意識に体が反応するときが、ぼくにはある。浪人せず現役のまま国立大学に入って成績もそんなに悪くなかったから、そのまま卒業して社会人になってもよかった。でもシューカツや、そのとき当たり前といわれていることに違和感を覚えて休学届を出した。金融機関に就職して、生きていくのに十分な給料をもらうことができるようになったし、いろんな見方はできるが、よほどのことがない限り、将来に大きな不安をもつこともなかった。でもこれまでの体験のピースがつながったりして、退職して起業することを決めた。

自分に正直に生きるというのは、だいぶ難しい。違和感があったり、思うことがあっても、目に見えない圧力というか、暗黙の了解というか、忖度というか、そんな感じのものに修正されてしまったりする。でも自分のモヤモヤした気持ちに真っ直ぐ動いて思ったのは、ツラくもあるが、とても楽しいということだ。つまるところ、ぼくたちは人生を楽しく生きたいと思っているし、幸せになりたいと思っている。でもいつのまにか、自分にウソをついた人生を選択していることは、思いのほか多い。

アフリカの人たちも、ぼくたちも、お金持ちもそうでない人も、みんな同じ一日二四時間を生きている。お金の使い方について議論を交わす人たちは多いが、最も大切だと思われる時間の使い方について、対話を重ねることは少なかったりする。ぼくたちはどう生きるか。限られた時間のなかで、幸せな人生にするために、いまなにをするか。これから子どもが生きていく未来になにを残して、なにをつくりあげるか。そんな問いのなかでぼくは、いつか友だちと約束した「みんなが笑って過ごせる世界をつくる」ことが、いろんなテーマのスタートラインになっていて、人生を賭けて挑戦していく価値があると思っている。そんなことを考えながら、またトーゴへのチケットを手に取った。

「Go to Togo」

行ってみないとわからない。

▲これからもぼくは誰かを頼りながら、「笑って過ごせる世界」をめざしていく。

あとがき

本を出すことになったのは、起業して四ヵ月後の二〇一九年一月だった。大学時代の先輩と一緒に、海外で経験してきたことについての報告会を企画したときに、のちに編集をお願いすることになる嶋田くんに出会った。そのときは、京都信用金庫を退職し、会社をつくり、トーゴへ行き、独自の布を仕入れ、京都でアレンジをして、東京のバイヤーからボコボコにされた直後のことで、あるものといえば布くらいしかなかった。それでも、挑戦している事業に価値があると信じていたし、逆に、こんなぼくでも四ヵ月間で布を調達するところまでできた。周りからみれば大したことないものだったかもしれないが、それは布以上の意味をもっていた。

ぼくたちの挑戦は、ほとんど誰からも信じてもらえなかった。できるわけないと言われたし、やっぱりアイツは頭がおかしいと後ろ指をさされた。そのまま金融機関に勤めていればよかったのにとか、そんなことをして家族がかわいそうだとか、打ち合わせする先々で散々に言われてきた。帰り道、駅のホームで何度も涙が出たし、いまここで飛び降りれば、保険金で家族はラクに暮らせるかもしれないと頭をよぎったこともある。ことばのナイフで、ぼくの心はグサグサやられていた。

しかし、実現すると状況は変わる。どれだけ熱弁しても信じてもらえなかったことが、布を見せると、信じてもらえるようになった。それからは前向きなことばをたくさんもらえるようになったし、不思議なことに、いいことも重なるようになった。そんなエピソードを嶋田くんに報告しながら、本にしていく作業は楽しかった。だいたい、なにか新しいことに挑戦するときは生みの苦しみのような体験をするのだが、こうしてワクワクしてひとつの形にすることができたのは、間違いなく嶋田くんのおかげだ。

また、家族のように送り出してくれた京都信用金庫の皆さん、二つ返事で事業に参画してくれた井上遼介、どんなときも受け入れてくれる学び場とびらの皆さん、クラウドファンディングで支援いただいた皆さん、事業の体を成していないにもかかわらず採択していただいたアフリカ起業支援コンソーシアムの皆さん、親愛なるトーゴの友だち、全面的に協力いただいている京都の職人たち、そしてなにより、いちばんちかくで絶大なサポートをしてもらっている妻と家族に、感謝の気持ちを伝えたいと思う。

二〇二〇年四月　中須俊治

中須俊治 なかす・としはる

1990年、京都府生まれ。滋賀大学経済学部卒業。

株式会社AFURIKA DOGS代表取締役社長、重彩プロデューサー。

「みんなが笑って過ごせる世界をつくる」ために日本とトーゴ共和国を往復し、エウェ族と京都の職人の染色技術を重ねて、商品開発している。

大学在学中に、単身アフリカ・トーゴ共和国を訪問し、ラジオ局のジャーナリストとして番組制作に携わる。大卒後、京都信用金庫に入社。嵐山地域で営業を担当した後、独立・起業。本書が初の著書。

他力本願がモットー。AFURIKA DOGSの起業、アパレル商品の開発、アフリカ・トーゴ共和国で日本人初となる現地法人の設立、現地法人の整地やコンクリートブロックの積み上げなど、助けてもらったことは数知れず。

(t-nakasu@afurikadogs.com)

Go to Togo 一着の服を旅してつくる

二〇二〇年四月三〇日 初版第一刷発行

著者 中須 俊治

発行人 嶋田 翔伍

発行・発売 烽火書房

〒六一五-〇八〇七

京都府京都市右京区西京極東大丸町四三-三階

印刷・製本 丸山印刷株式会社

定価 一五〇〇円+税

ISBN978-4-9911160-0-1